生き物から学ぶまちづくり

バイオミメティクスによる都市の生活習慣病対策

工学博士　谷口　守【著】

コロナ社

まえがき：都市は「生き物」

生き物と都市はよく似ている。たとえれば，道路は血管，住宅やオフィスは一つひとつの細胞であり，道路は大動脈のような幹線道路から路地裏の毛細血管までがネットワークとして展開している。また，生き物も都市もいずれも活動を続けるためのエネルギーを摂取することが必要で，排泄物や廃棄物が生じることも共通である。さらに両者とも，「成長し」「新陳代謝し」「健康であろうとし」「病気にもなり」「怪我もし」「治癒し」「老化し」「再生し」，そして「進化する」。このように両者を対比していくと，じつはなにからなにまでよく似ている。これは，都市で困ったことがあれば，生き物から学べることが非常に多いということにほかならない。

しかし，このことは都市計画の専門家でもまったく気づいていないのが実情である。その一つの原因として，土木や建築分野の入試ではいずれも「物理」が必修で，あとせいぜい「化学」が選択科目となっていることが挙げられる。壊れないものをつくるという観点から，力学を知っていることが都市づくりの大前提となり，それはもちろん大切なことではあるが，その強い常識が現在まで連綿と続いている。四角い固い構造物をどうつくるかという「力学的」視点に重点が置かれた結果，丸くて柔らかい「生物」という領域に目が行く専門家を養成しようという仕組みにはならなかったのだ。

今，わが国の都市は，それを生命体と見ると老化や生活習慣病に相当する不都合が蔓延しており，どの都市にもそれぞれの症状に的確な対応を下せるかかりつけの「まち」医者が必要な状況になっている。しかし，そのようなニーズを満たすだけの専門家は，その量においても質においても全然足らない状況である。多くの都市では素人判断による思い込みに基づくさまざまな誤った処方がなされており，都市の病（やまい）は一向によくなる気配が見えない。本書を著すことになった主たる動機は，この本を手に取られたあなたが，あなたのまちの「まち」医者になってほしいという切実な思いである。

本書は，従来の都市計画専門書とはまったく異なる「生き物に教えを乞う」という観点から新たな解決策を模索しようとするものである。構成としては，まずわが国の都市がどのような病理に侵されているのかを具体的に整理する。そのうえで，生き物がその機能を維持するために身に付けているアポトーシス（細胞の自殺）と，一般的な細胞の壊死であるネクローシスという二つの「細胞死」現象をヒントとして，なにを考えなければならないかを提示する。さらに，診断という観点からどう都市を見るか，また免疫力や再生力をどうやって高めて活力ある都市を取り戻すのかについて考察する。最後に生き物の進化を学ぶことで，都市の今後のあり方についても言及する。

じつは，このように生き物を規範としてそこからなにかを学ぶ学問は，バイオミメティクス（biomimetics）として総称されている。第1章で述べるように工学の分野では「ものづくり」という視点からバイオミメティクスが以前より着目されており，広く研究が進められるとともに，実際の実務にもすでに多くの優れた提案がなされている（第1章の文献2）～8）を参照）。一方で都市計画やまちづくりの分野においてはそのような着想を有する研究者はきわめて少なく，実務との連携も弱く，まったく遅れているというのが正直な感想である。本書を著す試みが，まちづくりにおいてバイオミメティクスの豊かな発想を活かす一つのきっかけになるのであれば，それは望外の幸である。

なお，本書で紹介する事例や考え方の中には，実際の生物学や生き物の仕組みと深い論理でつながっているものもあれば，そうではなくて単なる見かけだけで似ているものも含まれている。生物学の専門家から見れば異論を差し挟まれる部分があるかもわからないことをあらかじめお断りしておきたい。そのような場合がもしあれば，まちを良くしていくうえでのわかりやすい比喩として生き物の力を貸していただいているということでご理解いただければありがたい。

2018年8月

谷口　守

目次

4　ネクローシスを避けるまちづくり　49

5　まちを診断する　67

6　免疫力・再生力の高め方　81

7　そして，都市の未来を考える　105

1
バイオミメティクスと本書の構成

生き物の持つ優れた機能を人間の生活に取り入れる試み（バイオミメティクス）は現在までさまざまな形で行われてきた。よく知られたものだけでも，古くはレオナルド・ダ・ヴィンチによる鳥の飛行メカニズムからヒントを得た飛行機械，近年ではサメ肌形状を取り入れた水流の抵抗が少ない競泳水着，カタツムリの殻がいつもきれいであることに着目した汚れのつかない建材の開発など，枚挙に暇(いとま)がない。

バイオミメティクスの一般的な定義は，例えば日本大百科全書（ニッポニカ）[1)†]によると，以下のように記述されている。

生物のもつ優れた機能を人工的に再現する科学技術。「生物（生体）模倣技術」と訳され，有力な未来技術と考えられている。生存競争のなかで生物が獲得してきた巧妙な仕組みを，工学的に応用する試みを意味する。とくに分子レベルで人工的に生物機能を設計して，合成する技術をさす場合もある。生物学，医学，薬学，工学などの境界領域の学問であり，異なった分野の研究者の協力が欠かせないとされている。レオナルド・ダ・ビンチが鳥の飛ぶようすから飛行の概念を発想したとされるように，生物のもつ特性を工学的に応用する試みは古くから続けられてきた。

なぜわれわれがこのようなバイオミメティクスの力を借りることが望ましい

† 肩付番号は章末の引用・参考文献番号を示す。

のかについて，ユニバーサルデザイン総合研究所所長の赤池学博士はつぎのように述べている。“そもそも生物の持つ技術とは，38 億年という生物進化の過程で，安全性と機能性，そしてその有効性と持続性が証明されてきた「時を経た技術」にほかならない。”[2)]。また，千歳科学技術大学の下村政嗣教授は著書[3)]の中でバイオミメティクスに関わる取り組みが歴史的な流れを通じて広範に展開するようになっていることを整理し，その体系化を行っている。具体的には**図 1.1** に示すように，近年バイオミメティクスが関連する分野はナノスケールのものから建造物単位のものまで大きな広がりを見せている。本書はこのように歴史と実績のあるバイオミメティクス研究の流れの中に初めて都市づくり・まちづくりの分野の存在を一つの塊として付加するものである。そのスケールは個別の建造物のスケールよりさらに大きいことから，下村教授が作成されたこの図の右上に都市づくりのワードを新たに加筆させていただいた。

なお，都市づくりに関する取り組みの中で最初にバイオミメティクスの視点を取り入れたのは，パトリック・ゲデス（Patrick Geddes）が 1915 年に著した『Cities in Evolution』[9)] であると思われる。それ以降，都市づくり分野での生物的な視点からの取り組みの数は多いとはまったくいえないが，ルイス・マンフォード（Lewis Mumford）やエベネザー・ハワード（Ebenezer Howard）といった都市計画分野の錚々(そうそう)たる巨匠たちも都市に関する生物学的論考を加えてきた。そのため，図 1.1 に加筆した都市づくりの欄は，彼らに敬意を表し，過去の年代にもつながる形で記入を行っている[10)]。

以下では本書の構成と考え方について整理をしておく。

まず，第 2 章では現在のわが国の都市がさまざまな形で，人間でいうところの生活習慣病（成人病）に罹患(りかん)していることの指摘を具体的に行う。現在まで，都市づくりにおいてバイオミメティクスの視点を有していたゲデス，マンフォード，ハワードといった巨匠たちは，いずれも右肩上がりの成長する世界の中で，都市が生物的に拡大進化していくという観点に立って論を張っていた。しかし，現在の日本において，すでに時代は大きく変革し，われわれは人口減少の時代に突入している。それに伴い，過去にはなかったさまざまな病理が都

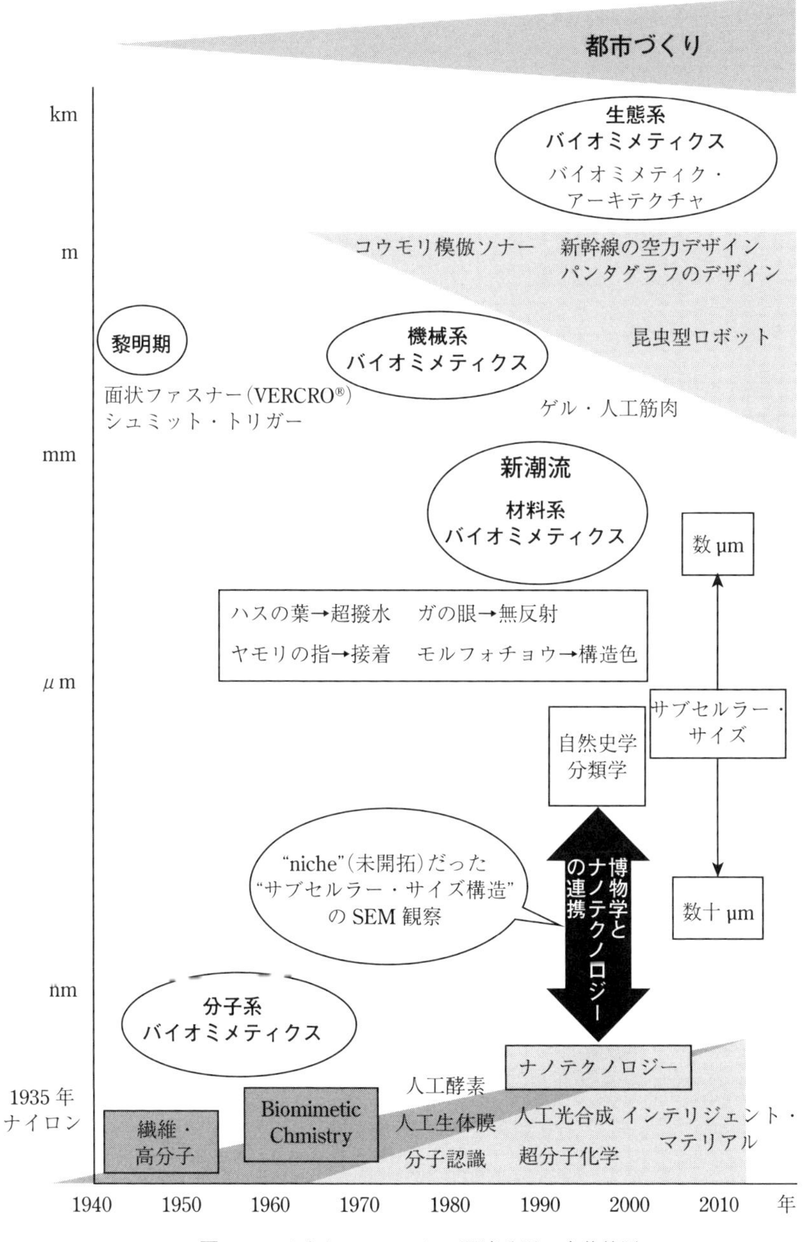

図 1.1　バイオミメティクス関連分野の全体俯瞰
〔文献 3）の下村教授作成の図に谷口が「都市づくり」の部分を記入した〕

市において発症している。そのような問題に対してこそ，38億年をかけて命をつないできた生き物から学ぶべきことが少なくないと考えている。具体的には，郊外に拡大を続けるメタボリック症候群としての肥満化する都市，循環器障害ともいえる渋滞による高血圧問題，空き家・空き地増加による骨粗しょう症の併発，その一方で過剰な戸数の高層住宅などが増殖するがん化の進展，交通網の劣化に伴う末端血流の不足による冷え性，地域活性化を名目としたカロリーのとりすぎ（補助金漬け）やカンフル剤を打ちすぎての糖尿病の発症，そして震災など非常時の状況に抗しきれずに生じる都市の突然死など，生活習慣病として人間の問題となっていることはほぼそのまますべてが都市にもあてはまることを事例を示しながら解説する。

第3章と第4章は細胞死に関わる二つのパターンに沿って課題を説き起こす。このうち第3章では，生物としての機能を正常に保つ機能であるアポトーシス（プログラムされた細胞死）に着目する。人口減少時代において，都市をスマートに縮めていくためには都市づくりにアポトーシスの発想を取り入れることが期待される。このため，アポトーシスはポジティブな意味で本書では取り扱われる。具体的には

・公共交通軸の周辺に都市を集約することを，手を広げた指を公共交通軸にたとえたフィンガープラン
・まちをがん化させないで減らすべきところを公共事業として減らしていく減築事業
・細胞としてのまちの縮退に合わせ，ネットワークとしての循環器官もその機能・形態を変える事例

などを紹介する。また，応用問題として，一見死滅してしまったように見える都市が特定の条件が整うと息を吹き返す例（シードバンク）や，むしろ細胞死（店舗の閉業）をスムーズに進めることで，新規細胞の導入（新規店舗の参入）を活性化しているケースなども例示する。

一方で，第4章では病気や怪我によって細胞が壊死するネクローシスに着目する。こちらは痛みや化膿（かのう）を伴う細胞死であり，都市にたとえていえば震災や

火災によるさまざまな都市に対するダメージを意味する。ここでは東日本大震災における津波対策を事例に取り上げ，ネクローシスを防ぐ観点から望ましい対応策を「ウサギとカメ」などの具体的な生き物による物語を対応させることによって吟味する。また，ダメージのすみやかな回復には神経系の保持が大切な条件になること，一見無駄と思われる施設もいざとなったときに役立つ場合があることを臓器の働きに対応させて例示する。さらに，都市のシステムとしての機能を向上させることと再生力を備えることが，一方を強化すると一方が弱くなる，いわゆるトレードオフの関係にあることを整理する。これに加え，都市がネクローシスに陥らないための生物多様性に習う都市のあり方と，その対極となる特化型戦略の成否に触れる。

つぎに第5章では，各都市や地域の体質や病を把握するための方策として，都市や地域ごとにカルテを準備することを提案する。また，現在の都市計画ではその仕組みとして対応ができていないが，人間が一定年齢以上になると人間ドックを受けることが必要になるように，各都市も都市ドックなるものを受診する必要性を示す。その際，都市を健全に保つうえで病気として気にすべきことと気にしなくともよいことについても合わせて整理を行う。中には診断結果によっては厳しい予防措置を取らざるを得ない場合の扱いについて，都市のトリアージ（アーバントリアージ）という観点から言及する。

第6章では具体的に都市や地域の免疫力，再生力を高めるための方策に言及する。ここでの考え方の基本は自力再生である。外部からの特区の乱発や補助金の導入は，むしろ強壮剤・カンフルの打ちすぎとして都市の自助努力や自分での再生力を奪う可能性もある。寝たきり都市にならないために，居住者一人ひとりの都市との関わり方（ソーシャル・キャピタル）も大切になる。また，外部とのやり取りで，あたかも細胞の半透膜を介するように，なにをどのように選択的に取り入れ，また外部に出すかという戦略を紹介する。さらに身の丈に合った暮らし，バランスの取れた資源利用を通じ，免疫力，再生力の回復が期待される。一方で，都市として自らがどの進化ステージにあるのかということもよく吟味し，それにふさわしい立ち居振る舞いも求められる。さらに都市にも生き物と同様に性別があるという研究成果を紹介し，性的な特性とバランスが地域の免疫力や再生力にどう影響しているかを解題する。

これらの知見を踏まえたうえで，第7章においてはバイオミメティクスの視点から都市の未来に対して言及する。生き物が自ら生きる新たなフロンティアをたゆみなく見出すように，これからの都市はどこを新たなフロンティアとして発展するのがよいのだろうか。また，サイバー化や自動運転など，これからの都市のあり方を一変させると考えられる新規技術が導入，普及した際，都市はどのように自らをメタモルフォーゼ（蛹化などの変態）するのだろうか。それらの予期できぬ過程において，巨大化を通じて問題解決しようとした古代の恐竜がそうであったように，単に現在の経済競争に強い都市が生き残るという保証はどこにもない。われわれはその意味で，進化の過程できちんと生き残る「進化的に安定な都市」を求めてやまない。なお，ヒトは大人の毛むくじゃらのサルから進化したのではなく，赤ん坊の毛の生えていないサルから進化した（ネオテニー：幼形成熟）といわれている。つぎの大きな都市進化は，どの発展段階にある都市から生じるのか，それはきわめて興味深い検討課題である。

最後の「あとがき」では本テーマとの関わりについて，その来し方行く末についていくばくかのコメントを整理する。

引用・参考文献

1) 日本大百科全書（ニッポニカ），小学館
https://kotobank.jp/dictionary/nipponica/
2) 赤池学：生物に学ぶイノベーション —進化38億年の超技術—，NHK出版（2014）
3) 下村政嗣 編著：トコトンやさしいバイオミメティクスの本（今日からモノ知りシリーズ），日刊工業新聞社（2016）
4) 篠原現人，野村周平 編著：生物の形や能力を利用する学問 バイオミメティクス（国立科学博物館叢書），東海大学出版部（2016）
5) 望月修：物理の眼で見る生き物の世界 —バイオミメティクス皆伝—，コロナ社（2016）
6) 赤池学：自然に学ぶものづくり —生物を観る，知る，創る未来に向けて—，東洋経済新報社（2005）

7）日本知財学会 編：日本知財学会誌，（特集：バイオミメティクスの知財・標準化），Vol.**13**，No.2（2016）
8）技術総合誌 OHM，特集：工学と生物学の融合により次世代型のモノづくりを実現するバイオミメティクス，Vol.**102**，No.1，オーム社（2015）
9）Patrick Geddes：Cities in Evolution, An Introduction to the Town Planning Movement and to the Study of Civics, Williams & Norgate (1915)（パトリック・ゲデス 著・西村一朗 訳：進化する都市 ―「都市計画運動と市政学への入門」―，鹿島出版会（2015））
10）谷口守，森英高：都市の退化性能を巡る試論 ―アポトーシス（細胞自死）からネオテニー（幼形成熟）まで―，都市計画報告集，No.15，pp.75 ～ 80（2016）

2
生活習慣病（成人病）に侵(おか)される都市

本章ではバイオミメティクスと都市づくりの関係を理解するうえで，さまざまな実際の事例を取り上げることで，生き物として都市を見た場合の「病」について具体的な解説を行う。特に一定の成長期を過ぎて成熟化が進行する諸都市において，人間でいうところの生活習慣病に対応する現象が各所で発生していることを広範な観点から整理を行う。

2.1 メタボリック症候群（肥満）

それぞれの都市にとって，そもそもその活動量に対応する必要な面積はどのくらいといえるだろうか。例えば，東京や大阪などの大都市では郊外住宅地が都心から遠くまで広がっている（**図 2.1**）。これらの図からも明らかなように，都心から郊外まで市街地が完全に連続しているというわけではなく，所々に農

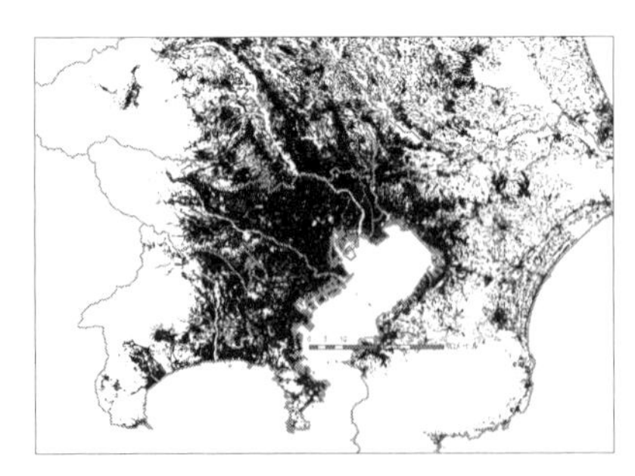

（a） 東京都市圏の市街地（2014）

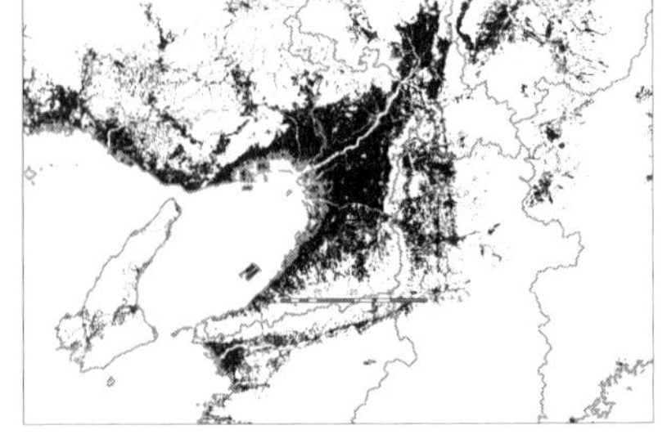

（b） 大阪都市圏の市街地（2014）

いずれも黒い部分が市街地を表している。

図 2.1 東京都市圏と大阪都市圏の市街地
〔国土交通省国土政策局国土情報課：国土数値情報ダウンロードサービスより〕

地や空き地が広がっているのが実態である。十分な計画に基づかず，無秩序に都市が郊外に広がってしまうことを都市計画の専門用語で「スプロール」と呼ぶが[1)]，日本の都市は土地所有者の私権が強く，かつ計画が軽んじられる風潮があるため，残念ながらスプロールだらけで効率的な市街地形成ができていない。すでに多くの都市圏では人口減少が始まっているにもかかわらず，さらに郊外に新しい住宅建設が進められている場合も散見される。これら市街地の拡がり方を空間的に見ると，本来都市として必要なだけのスペースに諸施設がスリムに収まってはおらず，効率悪く広がってぶよぶよした都市の構造が生じている。わかりやすくいえば，日本の都市はメタボリック症候群に該当しており，肥満化しているといえる。

人間のメタボでは，どこに脂肪がついているかということで，体の内部につく内臓脂肪と外側につく皮下脂肪があり，それぞれに特徴がある。その人の体質によってどちらに脂肪がつくかも異なってくる。都市のメタボも内臓脂肪的（都市圏の内部の市街地での問題）なものと皮下脂肪的（都市圏の外延部での問題）なものに大きく分けられる点はきわめて興味深い。

例えば，内臓脂肪的なものとして，市街地の内部に多くの未利用地や農地が**図 2.2** のようにバラバラに残っている光景を目にする。いわゆるスプロール市街地で，このような無秩序な用途混在が都市圏のサイズが非効率に大きくなってしまうことの一つの要因である。なお，近年ではこのような農地の存在を逆

図 2.2 狭小な住宅と農地の入り混じるスプロール市街地

に見直し，近隣居住者のための家庭菜園として有効利用しようという動きも見られる。

一方で，皮下脂肪的なものとして，都市圏の外延部で実施される**図 2.3** のような新規開発が挙げられる。森林や農地などの自然的な土地利用を大きな規模で都市的土地利用に改変することで，都市圏が郊外に拡大する典型的な事例である。人口増加の見込みがない都市圏でこのような開発を実施しても，**図 2.4** のようによりミクロに見れば，その中のすべての画地に住宅が実際に建つということはない。必要以上に都市のための面積が拡大してしまっていることが容易

図 2.3　市街地から離れて整備される住宅地が都市圏を押し広げる

多くの分譲地が草刈りもされずに放置されている。
図 2.4　メタボ的症状が顕著な市街地〔Google Earth より〕

に読み取れ，このような都市圏の膨張はメタボ化以外の何物でもないといえる。ちなみに図 2.3 のように都市開発が都心から連続して発生するのではなく，郊外へと飛び地的に拡大していくことは leapfrog（馬飛び）現象と呼ばれている。

なお，このような皮下脂肪型のメタボ住宅地では，都市として一定の人口密度や人口集積があるわけではないので，一定数以上の乗客がいないと成立しない公共交通の導入は難しい。当然，居住者の日々の移動は自動車を利用することとなる。郊外居住者の生活が自動車に依拠していることに合わせ，彼らを主たる顧客とする大型ショッピングセンターもまた郊外に進出することになる。このような店舗などの都市サービスの郊外展開と住宅地の郊外展開が連動することで，後戻りの難しい立派な肥満体ができあがることになる。このメタボ化した都市の状況は，人間の肥満やメタボがそれ自体病気とはいい難いのと同様，病気とは呼べないかもしれない。しかし，都市の肥満は人間の肥満と同じように，後述するようなさまざまな生活習慣病の原因となる。

現在では地方分権化が進んだため，各市町村は土地利用計画を通じてどこにどのような施設の立地を許すかはある程度自主的にコントロールすることが可能なはずである。そのため，規制的手法を適切に活用すれば，このようなメタボ化の発生は本来未然に防止できる性格のものといえる。しかし，大型ショッピングセンターなどの立地を通じ，それを受ける市町村は一定の新たな税収が確保できるという「うまみ」がある。各市町村が目の前のうまみにどうしても手を出してしまうという基本構造が，各市町村のみならず都市圏が太ってしまいやすい体質になっていることの主因といえる。このような状況の中でメタボにならないようにするには，市長などの自治体のトップが長期的な観点から責任ある判断ができるということがポイントになる。都市の体形，すなわち構造は長い時間をかけてつくり上げられるものであるため，自分の任期にこだわらず，あるべき都市の体形を目指せるリーダーこそが真のリーダーといえよう。

なお，無理なダイエット（例えば，郊外からの強制立ち退きなど）をすると，むしろ体を壊すというのも人間と同じである。また，メタボ防止に努めた市長がリタイアして新たな市長に交代した途端，政策が変更されてリバウンドが発生してしまうということもありがちである。そうならないためには，きちんとした土地利用コントロールを行い，都市をメタボ化させないということを単なる市長公約として述べるだけではなく，市民合意の取れた条例にしておくことが一つの方策といえる。

2.2 高　　血　　圧

肥満の影響は循環器系器官に如実に現れる。メタボ系のスプロール市街地は都市計画の対応が十分にできていない市街地であり，そのようなところでは道路などの都市基盤整備もきちんとなされていない場合が多い。都市が広く郊外に展開してしまっているのに，それに見合った都市基盤としての道路ネットワークが準備されていなければ，各所で交通渋滞が発生することになる（**図 2.5**）。交通の流れが滞る渋滞ポイントは一種の血栓であり，常に交通ネットワークに高い圧力がかかる状況は人間でいえば高血圧症にたとえられる。

図 2.5　血流の停滞＝自動車渋滞

一般の道路だけでは交通需要を十分にさばききれず，また長距離自動車交通への対応が必要なことから。高速道路のネットワーク整備が現在までに進められてきた。例えば東京都市圏では，当初は都心から放射状にのびる路線が最初に整備されたが，近年では都心を通過するだけの交通を迂回させるため，環状の高速道路整備も進んでいる。ただ，そのような整備にもかかわらず，発生する交通需要に十分に追いついているとはいえず，平日であっても**図 2.6** に示すような渋滞が高速道路上で広範に発生しているのが実情である。なお，1 年の 24 時間を通じてまったく渋滞が発生しない交通ネットワークを実現しようとすると，それはかなりのコストとオフピーク時の無駄を生むことにもなる。治療

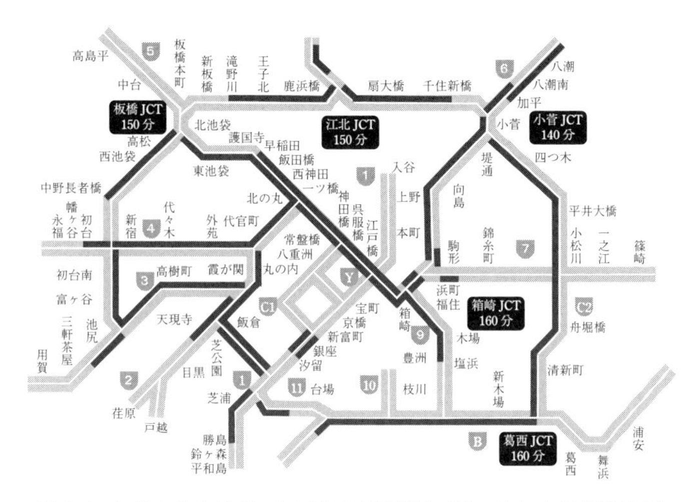

図 2.6　3月のある平日午後3時の高速道路（濃いところが渋滞部分）

が必要なレベルの高血圧かどうかということもチェックのポイントである。

なお，道路の整備主体は国や地方自治体などさまざまであるが，自らの地域の交通ネットワークのあり方を主導して考えるのは，やはり市町村などの各自治体の役割であろう。一方で，道路などの交通ネットワークは自地域だけで閉じているわけではなく，広域的なつながりがあって初めて有効に機能するものでもある。このため自治体間を超える広域的な視点に立った際，自治体間でうまく連結した交通ネットワークが計画されているかは，確認を行う価値があるといえる。ここでは**図 2.7** に福岡県の各市町村を例に，各市町村のマスタープランに基軸となる交通ネットワークも合わせて提示されている都市構造図を取り出し，それらを1枚の地図として貼り合わせたものを示す[2)]。

福岡県は全国の中でも市町村の枠にとらわれない広域的なまちづくりを進めている先進的な県ではある。しかし，このモザイク状の図から明らかなとおり，各市町村ごとに使用している記号も異なり，自分の市町村域の範囲内だけをケアしている状況が読み取れる。市町村の境界部分で血栓ができてしまわないよう，広域的な都市圏全体を体として見た場合の計画対応が必要である。

なお，図 2.7 に記載される幹線レベルの交通ネットワークが容量的に十分な

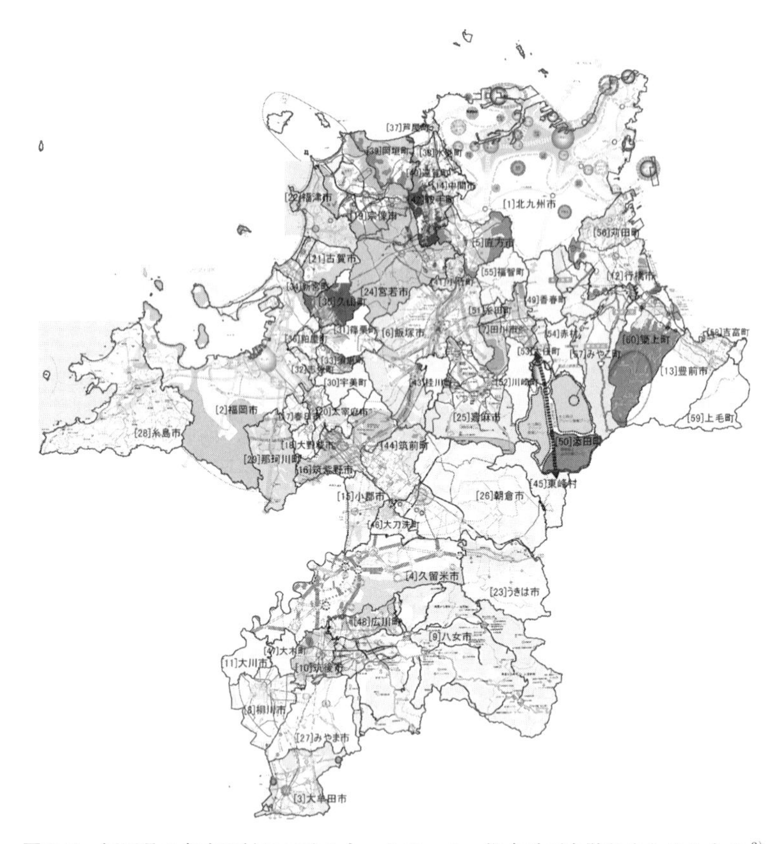

図 2.7　福岡県の各市町村におけるネットワーク・拠点計画を貼り合わせたもの [2)]

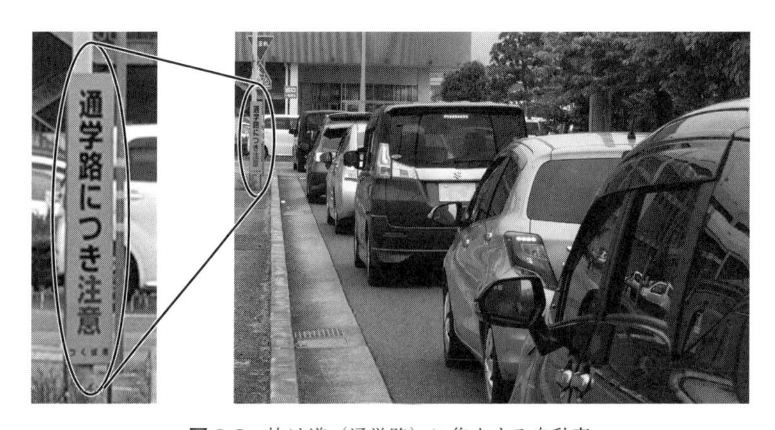

図 2.8　抜け道（通学路）に集中する自動車

血流量を流せない場合，本来は通過交通を流すことを考えてはいない生活道路の中に通過交通が流入することになる。いわゆる抜け道利用である（**図 2.8**）。生活空間にスピードを上げて通過しようとする自動車が流入すれば，交通安全上大きな問題となる。このような血流の一種の内出血現象が生じないよう，幹線となる動脈には途中でボトルネックが発生しないように十分な容量が必要である。

2.3 骨粗しょう症

近年では都心でも郊外でも空き家，空き地が増えている（**図 2.9**）。それらはまとまった形で発生することは少なく，さまざまなところに隙間が空く形で人知れず進行していく。少し空き家が増えたぐらいでは気にならないかもしれない。しかし，一定段階まで症状が進むと，お店や公共交通などさまざまなサービスが地域で維持できなくなり，まちとしてそもそも機能が果たせなくなってしまう。このような症例は，形態的にはまさに骨粗しょう症といえる。空き地は都心部では当面は駐車場として利用されることが多く，都市の自動車依存に

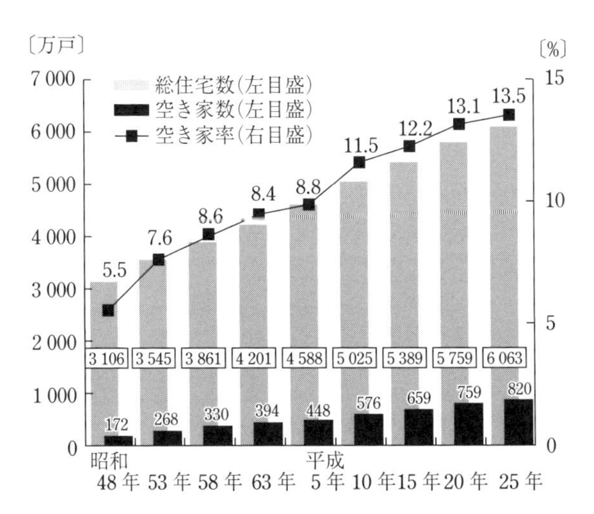

図 2.9 増える空き家
〔総務省統計局：住宅土地統計調査結果より〕

も拍車をかけている。**図 2.10** に島根県松江市の中心市街地における駐車場などの未利用地の広がりを例として示す。現在のわが国の都心部はどこも似たような状況になっているということに注意を払う必要がある。

実際の骨粗しょう症化が進むまち並みは，**図 2.11** のように都市の景観悪化

図 2.10　骨粗しょう症化の進む市街地〔Google Earth，ZENRIN より〕

図 2.11　骨粗しょう症化が進むまち並み

や非効率化にも拍車をかけている。なお，図 2.10 のような空き地の発生パターンを総称して「スポンジ化」という用語が当てられることが多くなっている。厳密なバイオミメティクスの観点に立てば，このような市街地に空隙（くうげき）地が増えるきわめて非効率な現象に対してスポンジの名称を当てることは適切とはいえない。なぜなら，スポンジ＝海綿はいかに少ない部材で体全体を支えるかに長（た）けた生き物であり，その効率的な骨格形成にきわめて優れた能力を発揮している。このほかにも海外の研究では，洪水発生時に余剰水を吸水し，災害が生じるような出水が起こらない防災性能の高い望ましい都市空間をスポンジ都市と呼んでおり，まったく異なる例もあるので注意が必要である。

2.4　が　　ん

人口減少に伴って，本来その容れ物としてのサイズを縮小していかなければならない都市において，その制御を外す形で逆に巨大化し，暴走しているケースも散見される。例えば，高度成長期（1950 年代半ばから 1970 年半ば頃まで）に建設された郊外ニュータウンなどでは古くなった集合住宅の多くがリニューアルの必要な時期となっている。いわゆるオールドニュータウンの問題である。このような課題に対し，往々にして行われるのが低層や中層であった住宅地（**図 2.12**）を，高層住宅，場合によってはタワー型マンション（**図 2.13**）に建て替えてしまうやり方である。なぜこのようなキャパシティを増やしてしまう方法が取られるのかというと，この建て替えの費用を単独の建て替えプロジェクトの中で賄おうとするため，分譲できる床の面積を増やし，その売却収入でこのプロジェクトのファイナンスを行おうとしているからである。これは「増やさないと回らない」仕組みである。地域全体でどう縮小するかを考えなければならないときに，このような膨張型の再開発が進められると都市圏全体の症状は明らかに悪化することになる。企業が収益を上げるための行動を行うことは当然であるだけに強力であり，その感染力はきわめて強く，これをがん細胞と呼ばずして一体なんと呼べるだろうか。

図 2.12　再生が必要なオールドニュータウンの集合住宅

図 2.13　一挙に入居世帯数を増やすタワー型マンション

最も問題なのは，このようながん化の暴走システムが，近視眼的にはむしろ民間活力を有効活用しているという評価のもとで推奨される対象となっていることである。この先も人口減少が続くことが予測されている中で，つぎに建て替えるときはさらに超高層化するつもりなのだろうか。

2.5 細 胞 老 化

交通ネットワークが循環器官であるなら，さしずめ個別の住宅や施設は生命体を構成する最小単位の細胞にたとえられるだろう。個別の細胞が年をとっていくことで生命体全体の老化が進むことと，個々の建物の老朽化が進むことで都市全体が老化することは相似の関係にあるといえる。開発された時期に応じて，現在そのような細胞老化が集中して見られる地域が大都市圏郊外に広がりつつある。老化した細胞は適宜新しい細胞に置き換わっていくことが期待されるが，そうはならずに放置されたままの物件も散見される（**図 2.14**）。

図 2.14　放置された状態の空き家

今後，空き家の増加は大都市圏中心部のマンションなどにも増えてくることが予想され，細胞老化後を考えた早めの対処が求められる[3]。また，かつての都心部ではモータリゼーションに伴う来客数の減少とリニューアルの遅れなどから多くの商店が店を閉じたままのシャター街が各所で生じている（**図 2.15**）。次章の 3.8 節で詳述するが，このようにシャッターが閉まっているからその商店街や都市は完全に死滅して復活が不可能かというと，必ずしもそうではない。

なお，このような老化現象を解消することを目指したさまざまな方策が，現在すでに各所で試行されている。それらの中には効果が見えるものも，効果が見

図 2.15 かつて賑わった都心に広がるシャッター街

えないものもある。例えば，行政がいくばくかの補助金を出して，商店街の中の閉店した店舗空間を利用し，有志の店舗運営をサポートしているというケースがある。しかし，このようなケースは補助金が切れるとそれ以上の継続が不可能となる場合も多い。6.3 節で示すように，むしろ助成を受けていない条件の厳しい一般的な商店街において，老化した細胞を自らの力で活性化したケースも少なくない。

2.6 冷 え 性

体のすみずみまで血流が回らなければ体が冷えやすくなってしまう。体を冷やすことは，さまざまな病気の誘因になることはよく知られている。戦後，わが国の道路整備が進んだことで，自動車利用という観点からはこの冷え性の問題はかなり解決されたといえる。一方で公共交通利用者が自動車利用にシフトしていったことで，かつては国土の中で広い範囲で成立していた公共交通が成立しなくなってきている。このため，自動車を運転しない交通弱者にとっての移動可能性（モビリティ）が極端に低下し，特に高齢者の比率の高い地方において冷え性は深刻な課題となっている。近年では目的地まで路線バスだけでたどりつけるかどうかをタレントが実際に試す番組が人気を博している。これは，血流が途中で途切れたり，末端まで届かない構造自体が当たり前になってきていることの裏返しといえる。

ちなみに，そもそもかつて国土がどれだけ公共交通網で覆われていたか，われわれはその事実を忘れてしまっている。例えば，1962 年に週刊朝日が「バスはどこにも走っている」という特集記事を組んでいる。その一節には，『日本全国のバス路線の総延長は 152 500 km に達し，1 年前に比べるとざっと 5 400 km の増。～中略～　去年定期バスが運んだお客さんの数は延べ 60 億 5 000 万人』という記事もある。当時の実際の路線バスネットワークとしては**図 2.16** のように各所に張り巡らされており，どこにでも路線バスでたどり着ける状況

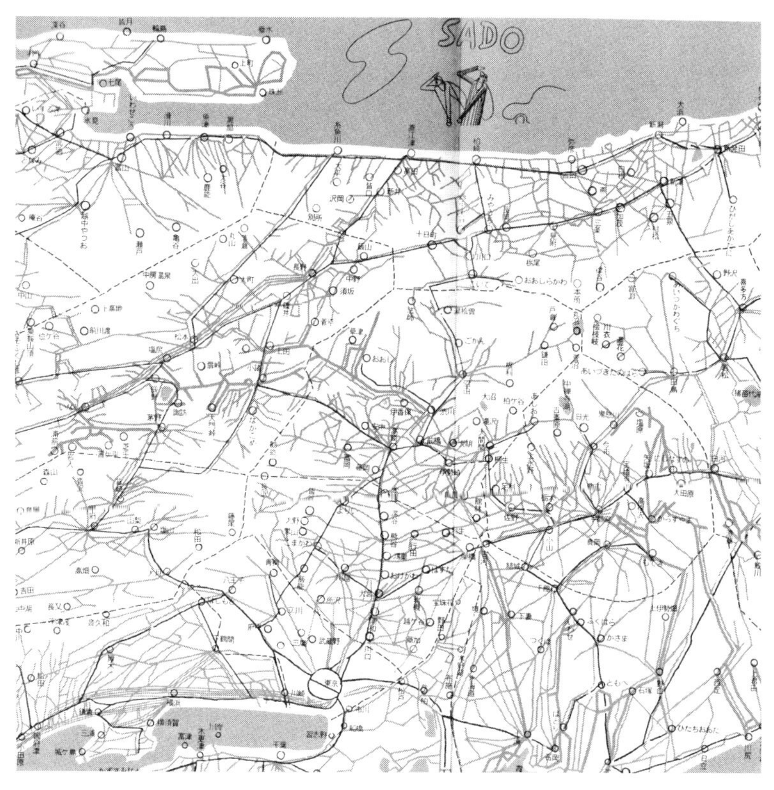

図 2.16　1962 年の全国バスネットワーク図〔週刊朝日 1962 年 1 月号特集記事より〕

であったことが読み取れる。乗客が減少することによって，赤字だからという理由で公共サービスである路線バスの撤退が続き（**図 2.17**），以前と比較して国土の状態として体の隅々まで血流が行き届かなくなっていることを認識する必要がある。毛細血管としての道路ネットワークおよび公共交通ネットワークをどう考えるか，IT 時代の情報提供のあり方とも合わせ，きちんと行きたいところにたどり着けるような仕組みを体系的に考え直さなければならない時期にきている。

図 2.17　路線バスの撤退は続く

2.7 糖　尿　病

年をとってくると食事の量はそれほど多くなくてもよいにもかかわらず，食べすぎが続いて過剰な栄養を取りすぎることで人は糖尿病になってしまう。現在の都市についても同様のことが起こっている。身の丈を超えた事業の実施や都市の拡張などで，栄養を取りすぎる都市が増えており，それに伴って先述したようなメタボ化や高血圧などのさまざまな合併症を併発してしまうという点において，都市は糖尿病的な様相を呈している。

例えば，身の丈を超えた事業を重ねてしまった例としては，2006 年に財政破たんした夕張市の例を挙げることができる。夕張市では基幹産業である石炭産業が斜陽化し，**図 2.18** に示すとおり炭鉱の閉山により 1990 年には炭鉱労働者

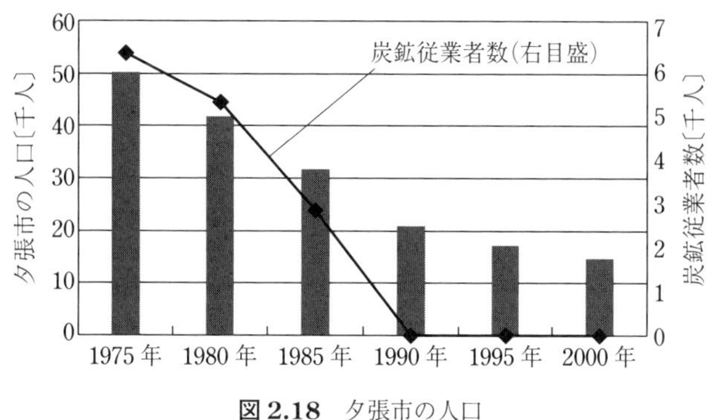

図 2.18　夕張市の人口

数がゼロとなっている。それに伴って人口も減少しているのだが，**図 2.19** を見ると，行政はむしろこのタイミングで建設事業などの公共事業費を大幅に増加させている。これは地域の基幹産業の衰退に伴い，その代わりとなる観光産業の立ち上げなどに過剰な投資を行ったことによるもので，結果的にこのときの支出が重い負担となって夕張市は財政破綻するに至った。都市を再生するための起死回生策を打とうとする流れの中で生じたことで，結果論かもしれないが，将来に対する認識の甘さが致命的な病理を招いたといえる[4]。ちなみに，「ジリ貧を避けてドカ貧にならぬようご注意願いたい」とは，開戦に反対した米内光政（よない）（海軍大臣を経て第 37 代内閣総理大臣に就任）の言葉である。

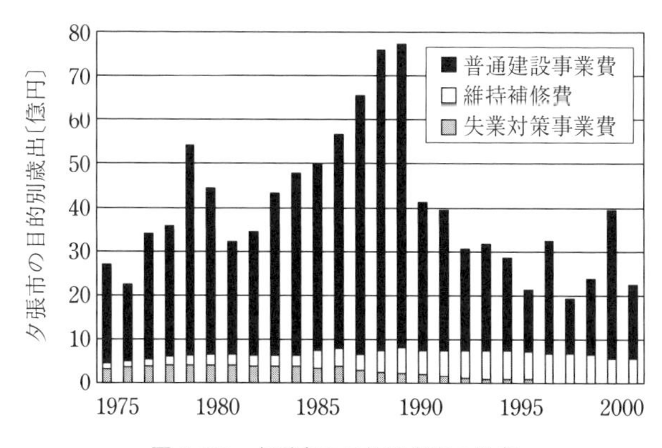

図 2.19　夕張市の目的別歳出の動向

また，都市の拡張に関する話題に関連し，商業開発を巡って下記のような議論を交わした機会がある。もともと商業施設は都心に集中していたという経緯があった。モータリゼーション化が進み，郊外に公共の事業費によって幹線道路網が整備されてくると，その果実のみを取る形で沿道に大型ショッピングセンターが立地するケースが少なくない。このような状況には賛否両論があり，ケースによってその状況も異なるので一概にその良し悪しを判断することは適切ではなかろう。しかし，郊外立地をサポートする意見として，つぎのような意見を聞いたことがあった。「すでに多くの都市で商業施設は郊外型のショッピングセンターに移行してしまったので，もう都市というものを郊外だということにしてしまってもよいのではないか？」。このコメントについて皆さんはそのとおりと思われるだろうか。

都市は一定量の基盤整備のもとに成り立っている。道路やライフラインなど，それらの投資を効率的に集中できてこそ，効果的な都市づくりが可能になることは疑いの余地がなかろう。現在の都市は過去からの狭い範囲に効率的に公費を投下された基盤の蓄積の上に存立している。一方で，郊外は縁辺に広がるほどその面積が広がっていくことは小学生にでもわかることである。つまり，郊外に開発を広げるということは，都市づくりという戦いの場において兵站（へいたん）が伸びることに等しい。郊外ショッピングセンターの寿命は米国などの先に開発が進んだケースを見ても意外に短い。もってもせいぜい30年であり，5年で元が取れればよいということをいう人もいる。また，現在までの都心の基盤蓄積の時間に比べれば，その長さは圧倒的に短い。郊外幹線道路沿いの商業が焼き畑商業と揶揄（やゆ）される所以である。これらの客観的状況からいえることは，「もう郊外でもいいじゃない」という発想は，「もう糖尿病になっちゃったのだから，いくら甘いものを食べてもいいではないか」といっていることとなんら変わらない。そのときどきの目先の甘いものに目がくらみ，先のことを考えないで取りあえずお腹いっぱい食べようとするさもしい心が糖尿病を招くのである。下等動物になるほど先のことを考える能力が欠如するが，人間は本来先のことを考えることのできる動物のはずである。われわれの中に本来備わっている能力を活かすことが求められている。

2.8 引きこもり・鬱(うつ)

まちかどに人影が少なくなり，最近の都市は元気がないといわれる。それがすでに人口減少が生じている都市であれば納得もいくが，まだ人口が増えている都市においてもそのような症状が散見される。先述したような郊外型ショッピングセンターにそれだけの人が集中しているのかというと，じつはそれほどでもない。都市全体が一種の鬱(うつ)状態のような，引きこもりのような状況にあるのはなぜだろうかという指摘が，最近のまちづくりの会合でなされることが少なくない。

このような都市自体の引きこもり状況と，居住者個人レベルでの引きこもり状況はある意味シンクロしており，個人の状況が累計されることによってそのような都市全体の状況が生じていると考えられる。個人の行動を経年的に追った調査から，ショッキングな結果が見えてくる。**図 2.20** は 1987 年から継続して実施されている全国都市交通特性調査（旧名称：全国都市パーソントリップ

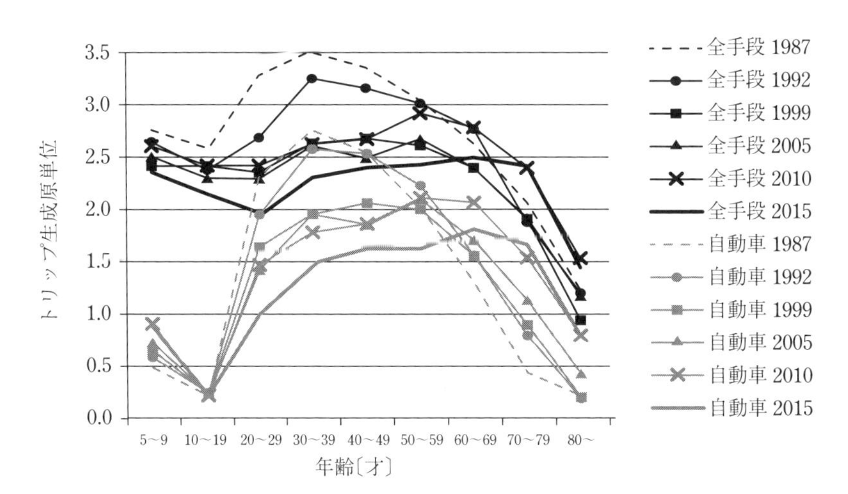

図 2.20　地方都市圏在住の男性の外出傾向（トリップ生成原単位）の経年変化[4)]
〔国土交通省：平成 27 年度全国都市交通特性調査結果より〕

調査）より，地方都市圏における男性の行動の実態を経年的に追ったものを一例として示す。縦軸はトリップ生成原単位（以下，原単位と省略）といって，その人が1日の間に何回特定の目的のために移動を行ったかということを示しており，横軸は年齢である。まずいえることは，20～50代において経年的に原単位が落ち込んでいるということである。具体的な数値で見れば，1987年時点では30代は全手段で3.5回であったのが，2015年時点では2.3回にまで減少している。この逆に70才以上の高齢者については以前よりも原単位は増加しており，70代の場合，2.0回であったものが2.4回程度になっている。見方によれば，年齢によらず原単位が平準化したということも可能であるが，全体的な総和で考えると20～50代の生産年齢層を中心に外出しなくなってきているということは紛れもない事実である。

なお，この図2.20には同時に自動車を交通手段とする原単位の値も合わせて記載している。1987年時点では20代の原単位が2.4，30代の原単位が2.7であったものが，2015年ではそれぞれ1.0，1.5に大きく落ち込んでいる。若者の車離れという現象が顕著に読み取れる。これに対し，60代，70代の原単位をそれぞれ確認すると，1987年時点でそれぞれ1.2，0.4であったものが，2015年には1.8，1.7といずれも20～30代を上回る数値となっている。すでにわが国においては，車は若者の移動手段というよりは，高齢者の移動手段として位置づけるのが適切な状況になっているといえる。若い層がこれだけ車離れを起こしているということは，自動車利用者に依存する郊外ショッピングセンターにとっても将来のあり方を考えるうえでの大問題であろう。

このような情報を示すと，若者はサイバー空間上のネットショッピングに移行したから外出が減ったのだという指摘が必ず出てくる。その意見の半分は当たっているが，半分は外れている。独自の分析を通じてこの問題の検証を試みたところ，**図2.21**に示すような結果が得られた。すなわち，ネットショッピングを好むかどうかは，「活動的」で，「買い物好き」であるという二つの要因から説明でき，このうち前者は外出行為と正の相関を有している。ネットで買い物をする人は外でも買い物をしているのである[5)]。

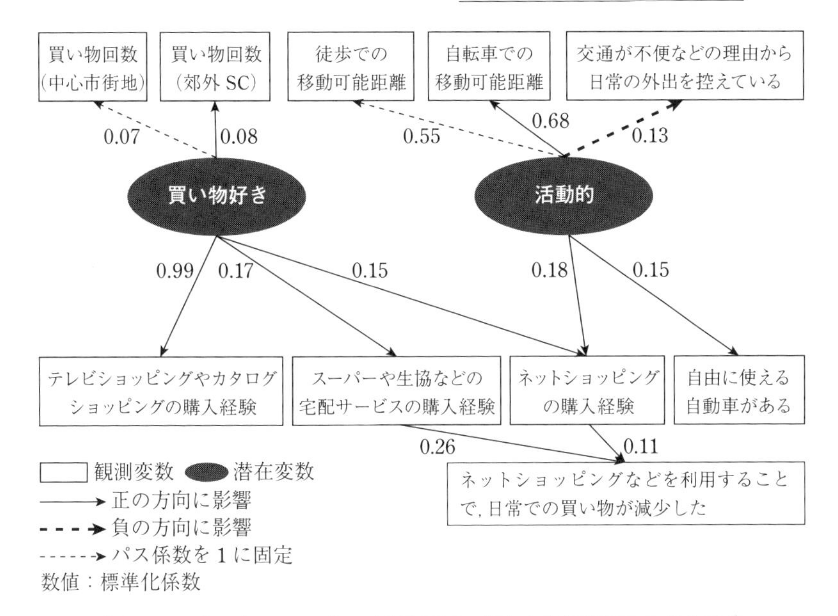

図 2.21　ネットショッピング実施要因に関する共分散構造分析結果[5)]

このことは裏を返せば，活動面から見ると都市居住者が二極化していることを意味する。一方は活発に外出すると同時にネットショッピングをも行う層で，もう一方は外出やそのほかの活動もあまり活発に行わない層である。こちらについても独自に調査を行ったところ，そのような活性度が高くない人々（ここでは低活動主体と呼ぶ）はどの年齢層にも一定数存在することが明らかになった[6)]。低活動主体が有する一つの特徴は，その外出頻度が低いということだけでなく，自宅内部における活動（家事，趣味など）の活性度も低いということである。以前はそれほど顕著ではなかったこのような「活動格差」[7)]が，都市居住者の間に明確に存在するようになってきている。その都市の居住者における低活動主体の割合が高くなれば，その都市全体として当然引きこもり傾向が強い状況が生まれるといえる。

低活動主体の活動レベルがどのようにすれば向上するか（それを本人が望むかどうかということとは別に）ということについても調査を行った結果，興味深い結果が見えてきている。鉄道やバスサービスがないなど，社会基盤としての物理的な交通サービスが脆弱（ぜいじゃく）であると，個人の活動は制約されるため，それらの改善を行うことが一つの方法と考えることは自然である。しかし，そのような方策は現在すでに活動が活発な主体をさらに活発にすることは示されたが，ここで課題としている低活動主体はあまり反応しないということが明らかになった。このような低活動主体の活性化に比較的有効な方策は，じつは物理的な利便性改善策よりも，「コミュニケーション」をきちんと取り，本人の人間としての価値をきちんと認めることである[6)]。社会的包摂とか，インクルージョンなどといった用語で表現されることもあるが，疎外感のない社会の実現が都市の鬱化を阻止するための一つの重要なファクターである。

2.9　突然死のリスク

以上のようなさまざまな都市の生活習慣病の存在が考えられるが，これらに罹患していると，なにか不測の事態があったときに発生するリスクがきわめて大きくなるということも人間と同様である。例えば，都市が肥満化していたために，東日本大震災という不測の事態において，普段は見えなかったリスクが突如として顕在化したということがある。具体的には，仙台など東日本の広い範囲でガソリンの流通が滞り，その結果，**図 2.22** に示すように多くのガソリンスタンドが一時的に営業を停止するという不測の事態が生じた。一方で，都市の形態自体が郊外に広く広がって肥満化が進んだ結果，自動車なしではまったく生活できない圏域の面積が非常に広くなってしまっていた。このため，**図 2.23** に示すようにガソリンを入れるためだけに徹夜でガソリンスタンドの列に並ぶといった光景が生じていた。

このような災害発生時において，生命体としての都市の機能がいきなり危機に瀕することのないようにしておくためにも，日頃から都市の生活習慣病の防止に努める必要がある。

図 2.22　東日本大震災時に営業停止したガソリンスタンド（仙台近郊 2011 年 3 月）
〔httplocal-news.cocolog-nifty.competitWindows-Live-WriterP1110228.jp より〕

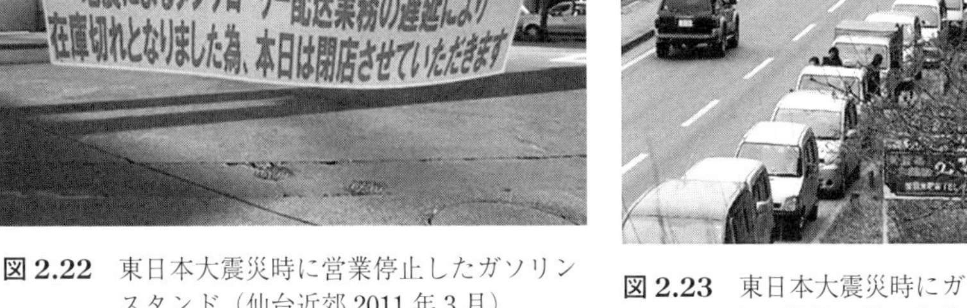

図 2.23　東日本大震災時にガソリンスタンドの給油に並ぶ自動車（仙台近郊 2011 年 3 月）
〔httpkibogaoka.hope-tp.netblogmisc00 より〕

引用・参考文献

1）谷口守：入門都市計画 ―都市の機能とまちづくりの考え方―，森北出版（2014）
2）森本瑛士，赤星健太郎，結城勲，河内健，谷口守：広域的視点から見る断片化された都市計画の実態 ―市町村マスタープラン連結図より―，土木学会論文集 D3，Vol.**73**，No.5（土木計画学研究・論文集，Vol.**34**），pp.I_345 ～ I_354（2017）
3）野澤千絵：老いる家崩れる街 ―住宅過剰社会の末路―，講談社現代新書（2016）
4）平田晋一，谷口守，松中亮治：戦略的都市放棄（アーバントリアージ）に関する試論 ―減少都市のパターン分析から―，土木計画学研究・講演集，No.33，CD-ROM（2006）
5）植田拓磨，山室寛明，谷口守：サイバースペースへの買物行動 移行特性とその要因，土木学会論文集 D3，Vol.**68**，No.5，pp.I_541 ～ I_550（2012）
6）平間尚夏，森英高，谷口守：活動格差の実態と今後の活動喚起に向けた一考察 ―外出活動・自宅内活動に着目して―，都市計画論文集，Vol.**52**, No.3，pp.871 ～ 878（2017）
7）西堀泰英，土井勉，安東直紀，石塚裕子，白水靖郎，中矢昌希：個人の行動と外的環境および意識の関係の分析を通じた都市交通政策に関する考察，土木学会：土木計画学研究・講演集 No.54（2016）
8）齊藤誠 編著：都市の老い ―人口の高齢化と住宅の老朽化の交錯―，勁草書房（2018）

3 アポトーシスに学ぶまちづくり

アポトーシスとは「プログラムされた細胞死」とも呼ばれており，生き物の成長段階などに応じて計画的に発現する細胞の消失現象である。人口減少期における都市にこのようなアポトーシス機能が内在化されていれば，荒れたままに放置される都市内の事物を減らせるようになり，都市の荒廃といった問題を軽減できることになる。本章ではアポトーシスの発想をどのようにまちづくりにあてはめるかについて，いくつかの事例を参考に示し，その可能性を議論する。

3.1 アポトーシスとは

第2章では都市の体全体を観察するという視点から都市問題を生活習慣病に投影した議論を展開したが，本章と次章では一転して細胞レベルのミクロな視点から都市の課題にアプローチする。細胞レベルの議論にどうアプローチするかということについてはさまざまな考え方があるが，細胞がどう生まれ，そしてどう消えていくかという発生・消滅の過程の中で問題を捉えていくことは，応用の可能性が高いといえる。例えば，これからの人口減少時代における都市問題を的確に捉えていくためには，後者の細胞「消滅」の部分がじつは非常に重要である。

このため本章と次章においては，細胞死に関わる二つの異なるパターン，すなわち「アポトーシス」と「ネクローシス」についてそれぞれ取り上げ，都市に関連する課題をそれぞれのアナロジーにおいて解いていく。まずこれら両者の用語の意味であるが，アポトーシスは「プログラムされた細胞死」とも呼ばれ，体を健康に保つためにあらかじめプログラムされた計画的な細胞死を総称する概念である。それに対し，ネクローシスは細胞内外の環境悪化により予期せず引き起こされる細胞死を総称する概念である。両者の概念は**図 3.1** のように整理されている。

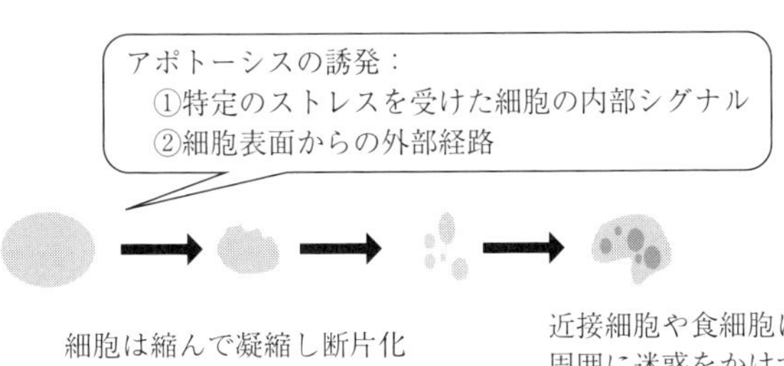

(a) アポトーシス

(b) ネクローシス

図 3.1　ネクローシスとアポトーシスの違い

アポトーシスの過程において，細胞は縮んで分解され，周囲に吸収されたりして最終的にきれいに処理される。したがって，アポトーシスの細胞死が周囲の細胞に迷惑をかけたり，また生命体全体に対してなんらかの悪影響を及ぼすということはない。その一方で，怪我や病気に伴って発生する予期せぬ細胞死である。ネクローシスは，細胞自体が壊死する形となり，細胞の内容物が漏出したりすることで炎症や化膿（かのう）が発生する原因にもなる。

アポトーシスがどのような場合に発生するかについて，そのわかりやすい事例として，われわれが胎児であった頃の経験が挙げられる。じつはわれわれはだれもが胎児であった一時期に，手の指の間に水かきを持っていたのである。ただ，生れ出たときにはすでに水かきは消えてなくなっている。胎児の成長過程で一時的に表れて消える水かきは，われわれの祖先が進化の過程の中で両生類だった頃の名残りといえる。一般に，ヘッケルの反復説として，「個体発生は系統発生を繰り返す」という言葉が知られている。このうち個体発生とは，人間でいえば，胎児が母体中の受精卵（一細胞）から分裂を繰り返して分化し，人間としての完全な姿となって生まれ出るまでの流れを指す。一方で，系統発生とは地球上に出現した生命体としての最古の人間の祖先から，さまざまな進化を通じて現在の人間の完全な姿になるまでの地質学的年代を通じた流れを指す。ヘッケルは，人間の胎児の発達という一連の過程において，最古の単細胞生物としての生命体から今の人間に至る進化に相当する変化が母体内で生じていることを指摘している。このような反復を行うのは人間だけに限らず，すべての生物種がこの法則に従っているため，例えば**図 3.2** のように，人間以外の哺乳類や鳥類においても胎児の間に水かきが発生し，そして消えていくことが観察されている。このように水かきが自然に消えてしまってあとかたもなくなる細胞死は，まぎれもなくアポトーシスである。おたまじゃくしが成長に伴って尻尾が消える現象や，われわれの皮膚細胞が数か月の間に新しい細胞に入れ替わる現象も同じくアポトーシスである。そのような変化が起こっても，その周囲の細胞にはなにも悪影響は及んでいない。

本書でなぜこのようなアポトーシスという概念を重視して取り上げるのかと

（a）丸い形の手

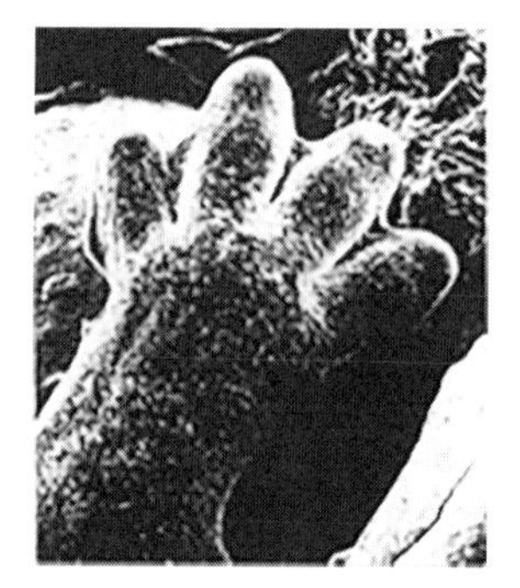

（b）指が形成された手

図（a）の指の間の細胞が死んで図（b）のような指の形が形成される。

図 3.2　ニワトリの足のアポトーシス

〔三菱化成生命科学研究所　近藤俊三氏撮影〕

いえば，そのような発想がこれからの人口減少社会の中できわめて有効に機能すると考えるからである。図3.2で示したような水かき部分における細胞の静かな撤退は，これから求められるコンパクトな形状のまちづくりに対し，きわめて示唆的である。

3.2　生活習慣病に効くコンパクトなまちづくり

上述した，コンパクトな形状のまちづくりとは具体的になにを意味するのか。それは，第2章で述べたような種々の都市における生活習慣病対策を進めるうえで基本となる肥満やメタボにならない都市づくりである。いい換えれば，都市として本来必要な範囲に効率的な形で機能や施設を収めていく考え方であるということができる。ごく簡単な概念説明として，**図3.3**が一般的に利用されている。

まず，図(a)に見られるように，もともとわが国の都市圏はモータリゼーショ

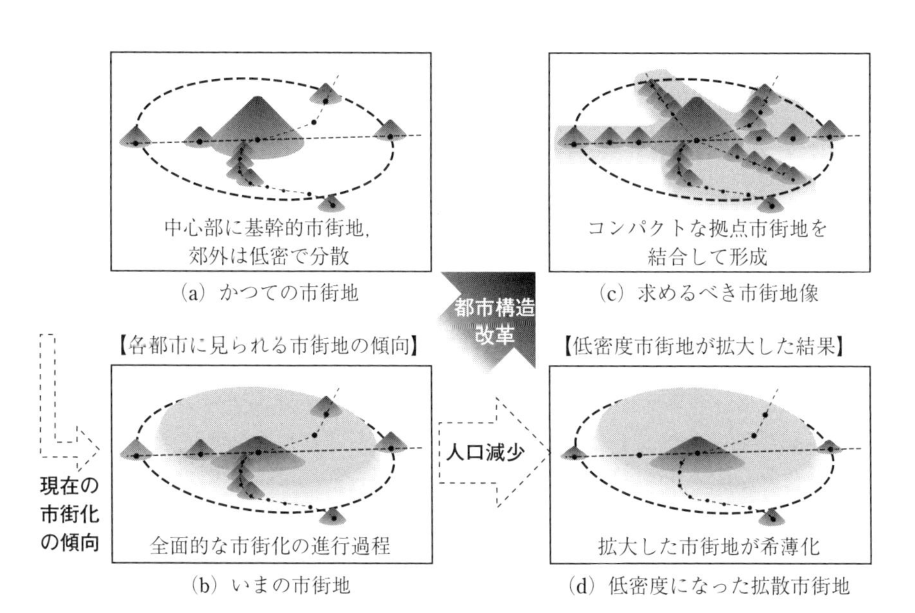

図3.3　コンパクトなまちづくりの概念とその必要性（国土交通省資料，2007）

ンが進展する以前は公共交通などのターミナル周辺に都市の機能が集まったコンパクトな構造をしていた。それが人口増加とモータリゼーションが同時に進むことによって，図(b) のように公共交通の路線沿い以外の部分へも広く市街地が展開するようになっている。今後は多くの都市圏で人口減少が進むことが予測されているが，なにも有効な方策を打たなければ，拡散化の延長として図(d) のように都市圏全体の低密度化が進むことが危惧される。現在すでに生活習慣病で悩みつつある諸都市が図(d) のような形状に進めば，さらにその病状を悪化させることは想像に難くない。図(d) ではなく，図(c) のようなコンパクトな都市の形態へと導くことで，下記の①～⑧のようなさまざまな観点においてその効果が期待される。

① **まちの賑(にぎ)わい，拠点の創出**　ターミナルに人が集散することで，そこに賑わいの拠点が形成されやすくなる。バラバラのままではまちづくりの効果を生まないが，その需要をターミナルのまわりにまとめることで，ワンランク上のサービス供給を行えるようにする。

② **高齢化への対応**　高齢者がいつまでもハンドルを握り続けることは危険であり，かといって免許返納を行っても地域での公共交通サービスが十分でなければ満足な生活ができないことになってしまう。バリアフリーに配慮した公共交通が提供されることで，高齢者が自分の意志で自由に動くことが可能となる。このことで高齢者自身の移動欲求が満たされるだけでなく，医療介護費用の削減なども期待できる。

③ **環境負荷の削減**　一般に人を 1 km 運ぶのに輩出する平均的な二酸化炭素の量は，自家用自動車が 145 g-CO_2/(人·km)，営業用バスが 66 g-CO_2/(人·km)，鉄道が 20 g-CO_2/(人·km) となっている[1)]。もちろん各車両の乗車人数によってこの数値は影響を受けるが，公共交通の選択比率が高い都市ではそうでない都市と比較して低炭素化が進んでいることは各所で実証されている。

④ **公共交通の健全経営**　公共交通沿いの都市が発達すれば，その公共交通の利用者も増えることになる。それによって沿線全体の賑わいが増し，

周囲にビジネスチャンスが拡大することでさらに沿線に活動が集積する。このような都市と交通の間に生じる相互作用を通じ，公共交通の経営状況がより健全化し，安定することが期待できる。

⑤ **既存インフラの有効活用**　都市にはさまざまな施設に加え，道路，上下水道，公園，電気・ガスなどのライフラインなど，さまざまな社会基盤（インフラ）整備が過去から蓄積されてきた。コンパクトなまちづくりはそれら既存インフラの蓄積を最大限に有効活用することが可能である。裏を返せば，郊外に新たなインフラ投資を行わなくて済むということができる。

⑥ **健康的なまちづくり**　公共交通を利用することで，人は知らない間に一定の距離を歩いている。徒歩量が多くなることで余命が伸びることは統計的に証明されており，公共交通を重視したまちづくりは，すなわち健康的なまちづくりに直結する。

⑦ **地域のシンボル性**　どこが中心かわからない散漫な都市構造のもとでは，その都市のアイデンティティ自体が形成されにくい。例えば，鉄道ターミナルなどコンパクトなまちづくりの中で生まれる拠点は多くの人の目が集まる空間であり，一定の意味性やシンボル性を含有する空間づくりが相対的に容易である。

⑧ **自治体財政の健全化**　①～⑦のようなさまざまな効果が連動して機能することで，自治体自体の財政がより健全化することが期待できる。

以上のように，ここに記しただけでも八つの効果が期待でき，さしずめコンパクトなまちづくりは一石八鳥かそれ以上の効果があるといい換えることができよう。なお，それぞれの効果は単独で顕在化するのではなく，相互に関係している。このようにさまざまな分野（セクター）間で波及効果がカスケード的に及ぶような効果群を「クロスセクター・ベネフィット」と呼んでいる。ちなみに，コンパクトなまちづくりに実際に取り組んでいる自治体の中には，①～⑧の特定項目だけの効果を挙げることを目的にしていて，ほかの項目に効果が及んでいることに気づいていない（クロスセクター・ベネフィットが目に入っていない）ケースも散見される。評価を行う際の効果やそれに要したコストを捉える際には，幅広い視点から落ちている事柄がないかを確認する姿勢が必要である。

なお，図3.3(c) はこの図の表現が原因で往々にして誤解を招くこともあるが，都心に高層ビルやタワー型マンションを林立させよという意味ではまったくない。あくまでも非効率に機能を分散させることは好ましくないということを表現しているだけのものである。

3.3　フィンガープランで水かきを消せ！

デンマークの首都であるコペンハーゲン市とその周囲を含む都市圏では，実際にコンパクトなまちづくりを進めるうえでフィンガープランという計画が考案・実施されてきた。**図3.4** がその基本的なコンセプト図で，中心となるコペンハーゲン市に手のひらを置いて指を郊外に向かって広げ，公共交通の軸が通っている5本の指に相当する箇所においてのみ郊外では市街地整備の実施を認めようという考え方をわかりやすく表現したものである。つまり，水かきに相当する部分は都市化を推奨しないというわかりやすいメッセージである。

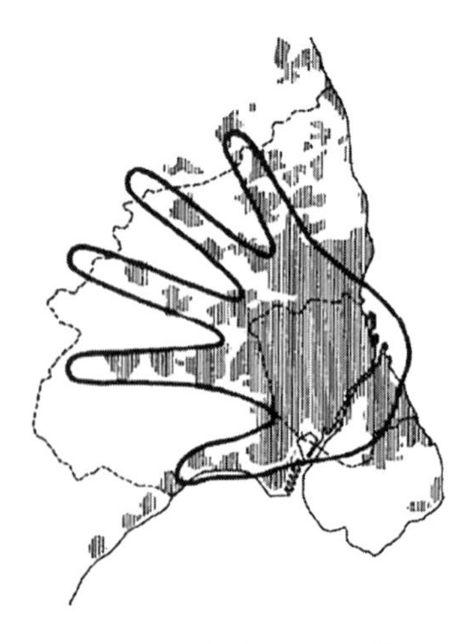

図3.4　コペンハーゲン市のフィンガープラン[2)]

これがすでに面的に広く都市化が進んだ都市圏で，そこから人口減少で機能が撤退していくとした場合，指の部分からではなく，水かきの部分から撤退していくとすれば，それはコンパクトなまちづくりの考え方という面からはきわめて合理的である。そしてそれがアポトーシス的に自然に進行していくのであれば，都市の発生拡大から縮小へと至る輪廻（りんね）として申し分ないプロセスということができる。アポトーシスの発想を生き物の進化と発生から学び，それをコンパクトなまちづくりの中にうまく埋め込んでいくことができれば，現在われわれが悩んでいる多くの生活習慣病的問題からの解放が期待できる。

アポトーシス性能が担保されている場合といない場合とで，人口減少に直面した際にどのような差異が生じるかは，頭の中で十分なシミュレーションを行っておくことが必要である。人がそこに住んでいるということは，その人に対してさまざまなサービスを供給する必要もあるし，またその人がさまざまなサービス需要を発生させるということでもある。人がまだ残っているのに商業，医療や公共交通などの基本的なサービスが先に撤退してしまうと，そこでの暮らしは立ち行かなくなり，一種の壊死（ネクローシス）が発生することになる。最終的にはコンパクトなまちの形態に落ち着くとしても，人口が減少していく過程の中では常にこのようなそのときどきの都市の構造がもたらす潜在的なリスクが存在することを忘れてはならない[3)]。なお，このような都市の構造改善は人間の体質改善と同じで，一朝一夕で実現できるものではない。一気に動かそうとするとさまざまな問題が生じることが多く，継続した取り組みが必要不可欠となる。

3.4　あまねく救う千手観音

コンパクトなまちづくりを進めようとするわが国の地方自治体の中には，コペンハーゲンのフィンガープランを参考にして計画を立てようとするところも散見される。しかし，住まい方の密度という点では，じつは日本のほうが，参考対象にしようとするヨーロッパの諸都市よりももともと高いのが実態である。

日本の諸都市はそもそも鉄道沿いに徒歩圏の範囲で発達していったため，じつはコンパクトな形態を本来取っていたところが多かったといえる。例えば，東京23区では，高度成長期の急激な郊外展開が生じる直前は，**図 3.5** に示すように鉄道ネットワークと市街地の形成状況が密接にリンクしており，公共交通を軸としたコンパクトな都市構造が成立していたことが読み取れる。この状況はフィンガープランを提示するようになったコペンハーゲンなどよりむしろ徹底している。さしづめ5本のフィンガーではなく，四方に手を伸ばす千手観音（**図 3.6**）に近いといえよう。

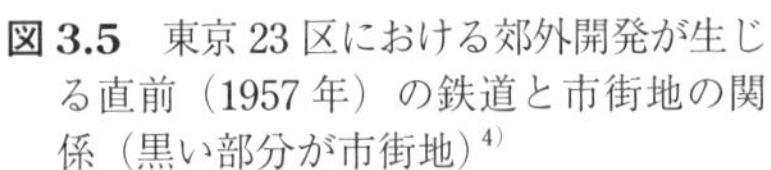

図 3.5　東京23区における郊外開発が生じる直前（1957年）の鉄道と市街地の関係（黒い部分が市街地）[4)]

図 3.6　千手観音

以上のように，少なくとも日本の大都市圏はたくさんの腕のようなしっかりとした公共交通軸に沿って都市が形成されてきた経緯がある。このような形態が可能となったのは，都心から郊外に向かって放射状に延びる通勤鉄道を保有する民間鉄道会社が，その沿線を重点的に開発していくことで経営を安定させる戦略を取ってきたためである。実際，駅周辺の土地を民間鉄道会社が買収し，そこに住宅地を整備して都心への通勤客を確保するという戦略が各所で用いられてきた。これは，外部経済を内部化するという行為により，居住者の完結した沿線生活圏の構築を通じて鉄道事業の利潤最大化をはかろうとした結果である。

そのような公共交通を基軸とした都市の拡大は，いつしか指と指の間の水かき部分へもモータリゼーションの進展とともに広がっていくことになった。しかし，近年では大都市圏でも人口が減少し始めるようになっている。進化の過程のうえでは水かき部分から都市活動の撤退を行うのが筋といえるが，その逆に破れかけた水かき部分にまだこれから投資をしようとする動きもあるのが実態である。そのような中途半端な対応が行われると，本来機能を集中すべきである指や腕の軸となる部分についても空き家や空き地が増加してしまうことになる。ヨーロッパの都市からフィンガープランを学ぶ以前から，日本の都市圏は公共交通を軸としたコンパクトな構造を本来は持っていたということを忘れてはならない。新しい都市の形を構築することよりも，むしろ潜在的に本来有していた特長が損なわれることのないよう，配慮を行うことがまず大切なのである。

3.5 減築ダイエットで居住環境改善

アポトーシスの発想は，ほかにも第2章で述べたような都市のがん化を阻止するうえでも大切である。本来大きくなってはまずいものが制御不能で大きくなってしまうことががん化の本質である。このため，都市のがん化を予防するための基本は，減らすべきところは減らすということを公的な政策として明確に提示することである。その典型的な事例として，ドイツの公営住宅の減築事業を挙げることができる。

ドイツの旧東ベルリン市郊外部では，旧東ドイツ時代に大量供給された10階建て程度の中層住宅が老朽化しており，その地域では多くの空き家が発生するとともに，治安状況も悪化している。地域再生に際しては，それを高層のより規模の大きいタワー型マンションなどに建て替えてがん化を促進するのではなく，思い切って戸数を減らす建物ごとのリフォームを実施している。例えば，**図3.7** に示すような中層住宅群を，**図3.8** に示すような低層の集合住宅へとリ

図 3.7　減築対象となる中層住宅群（旧東ベルリン市）

図 3.8　減築された集合住宅（旧東ベルリン市）

フォームする「減築」と呼ばれる行為が各所で行われており，地域の衰退を阻止するうえで大きな役割を果たしている。これらの写真から明らかなように，無味乾燥な中層住宅地を周辺環境や建物のデザインそのものも配慮しながらボリュームの小さい集合住宅へと縮小していく取り組みである。がん化の事例のように新しい床を売って事業の採算を確保することは考えておらず，その代わり公共事業として税金を使用することで事業の実施を可能としている。このままなにもしないで放置した場合に，将来地域において生じる損失はかなり大きなものになると予測されるため，先手を打って公共事業として対応しておくほうが，トータルで見れば地域のあり方として望ましいとする判断に基づいた結果であるといえる。計画的に地域での細胞活動数を減らしていくわけで，放置してネクローシスによる症状で地域が壊死してしまう前に，アポトーシスとして細胞を周囲に迷惑をかけないように計画的に消滅させた事例ということができる。

3.6 循環器官への応用

このような建物に対する減築行為は，都市を構成する細胞一つひとつの寿命をトータルとしてどのように考えているか（ライフプラン）ということを反映している。同様に細胞に栄養や酸素を供給する血管などの循環器官についても，このようなライフプランは重要な意味を持っている。建物は一般に民間が整備するものであるため，建て替えという観点からライフプランの存在はまだ想像しやすい。一方で，循環器官に相当する道路や鉄道といった社会基盤は公共が整備し，都市や地域の構造にとって大前提となる骨格として機能する場合が多いので，それらが有限の寿命を持つということは理解されにくい。しかし，都市を構成するすべての要素は本来なんらかの寿命を持つものであり，その更新においてはネクローシスではなく，アポトーシスとして対応できることが望ましい。

例えば，道路をアポトーシスした例として，**図 3.9** に示す韓国ソウルの清渓川（チョンゲチョン）では大動脈である都市内高速道路を河川公園にと用途転換したことが挙げられる。このことは単に自動車社会から決別するというような表面的な意味があるのではなく，道路ネットワーク全体の整備に伴い，それぞれの場所で最も適した空間利用のあり方が再考できるようになったという意義を持つ。わが国においても特に老朽化が進みつつある都市内の高速道路のリニューアルを行う際には，その位置づけをどのように考えるのかは重要なポイントとなる。

ソウルのほかにも道路ネットワークを計画的に除去したケースはすでにいく

図 3.9　韓国ソウルの清渓川（チョンゲチョン）の高速道路撤去後〔出典：Wikipedia〕

つか散見される。**図 3.10** にあるように山脇[5] はスイスの事例を取り上げ，道路撤去後の土地利用として，周辺が住宅の場合は宅地に，畑の場合は畑地へと周囲に合わせて用途転換されていることを紹介している。

(a) 撤去前　　(b) 撤去後

図 3.10　スイスにおける道路のアポトーシス事例[5]

わが国ではまだアポトーシス的に公共空間である道路スペースが利用転換されたケースは少ないが，例えば**図 3.11** に示す静岡県浜松市の遠州鉄道浜松駅前などの事例が挙げられる。ここでは駅前の商業機能の一環として，道路スペースだったところが広場として利用されるようになった。

道路の例を重点的に紹介してきたが，鉄道においても事例は存在する。ただ，鉄道についてはその実態としてネクローシスとして放置されようとしたものが後から再整備されたというケースが多いのが事実で，厳密に事前に計画された

図 3.11　広場に転換した道路スペース（遠州鉄道浜松駅前）

アポトーシス事例に分類されるかどうかは異論もあろう。過疎地での鉄道廃線の駅跡地に道の駅が整備されるケースなどがその典型といえる。過疎地ではない有名な事例としては，米国ニューヨーク市・マンハッタンのまち中の高架鉄道廃線跡と公園化したハイラインなども挙げることができる。いずれにせよ，一般に道路などの交通用地は税金など公共の資金によって整備された場合がほとんどである。このため，民間などに払い下げる場合は適性な価格設定を行い，公共の利益を減じることのないよう配慮が必要である。

3.7　都市の輪廻（りんね）と細胞死の事前セット

アポトーシスを計画する以前に，都市自体のライフサイクルを循環的に考えておくということも一つの方策である。高度成長期にまとめて建設された大都市郊外のニュータウンでは，居住者の年齢層が揃（そろ）っていることで一斉に高齢化が進展している。一挙に老人ばかりのまちに変わり，一挙に空き家が増え，地域としてはネクローシスしてしまうという，いわゆるオールドニュータウンの問題が各所で顕在化している。個人のライフサイクルステージに応じて，どのように都市を準備しておくかということは，長い時間軸を見据える必要のある重要な課題である。

このような問題に対応するには，都市側をどう居住者の変化に合わせて回していくかという，都市の輪廻の発想も時として重要になる。具体の事例として，千葉県の京成電鉄沿線に山万という民間ディベロッパーが開発したユーカリが丘というニュータウンでは，特定年齢世帯層に向けた同質の住宅を一挙に分譲するのではなく，さまざまな世代向けの住宅を準備しておき，ニュータウンの中での居住の循環が生じるような配慮を試みている。実際に地域内だけで循環は完結しなくとも，さまざまな世代や属性向けの住宅が準備されているということは，オールドニュータウン型の偏った問題発生の緩和には効果が期待できる。

なお，最近では商業施設の出店にあたり，その店が撤退する際の取り決めを事前に地域と交わすケースも見られる。このような行為は細胞死の事前セットの典型例といえよう。また，住宅や商店といった建物ごとの細胞レベルでの議論にとどまらず，社会基盤整備のレベルでもアポトーシス対応がなされるようになってきている。例えば，フランス，パリ市中の自転車シェアリングシステムの一括発注では，システムを廃止する場合はその撤去まで事業者が責任を持つという条件の下で入札が行われている。このような細胞死の事前セットはまだハードルが高いかもしれないが，硬直化してしまった過去の都市計画や交通計画に関する決定を，撤退が必要な状況に応じて柔軟に変更できるようにする仕組みは今後さらに必要度が高まると考えられる。

3.8 活力を生むためのアポトーシス

都市を構成する諸機能がアポトーシスを通じて機能更新するケースは，以上で説明した以外にもさまざまなパターンが存在する。減築の例では公共事業として介入を行うことでスムーズなアポトーシスが可能になることを説明したが，純粋な民間事業においてもアポトーシス的な細胞の入れ替わりが生じる例をここでは取り上げる。具体的には**図 3.12** に示す東京の JR 中央線沿いの高円寺がその好例である。

高円寺駅周辺は古着屋など，新しいジャンルの元気のある店が多く出店し，

図 3.12 賑わう高円寺駅前パル商店街

エリアとしても多くの来訪者によって賑やかさが確保されている地域といえる。既存研究[6]によれば，高円寺の商店街では「老化した細胞」がアポトーシスを通じて「新しい細胞」に適宜入れ替わっており，その迅速な受け渡しが地域活力を生む源であることを指摘している。例えば，もともと商店街には 93 の店舗があったが，5 年ほどの期間の間に，そのうちなんと 34 店舗が撤退しているのである。そして入れ替わりに 35 店舗が出店しており，きわめて新陳代謝が活発であるということができる。撤退する店舗が多いこと自体は問題ではないことが，このことから読み取れる。スムーズな撤退（アポトーシス）が地域の活力保持のために重要なのである。機能や対象商品が古くなった店舗は，いつまでも居座ってその場所の機会費用を奪うのではなく，新たな機能にすみやかに置き換わることができれば，多くの都市が救われる可能性は高い。

3.9 シードバンク：仮死状態のまちを復活

高円寺のようにスムーズに旧細胞が撤退できればよいのだが，これはそれほど簡単なことではない。多くの商店街においてはこのような動きは見られない。それは，儲からなくなってもそこに居座り続けるほうが，特に負債などがない場合には，高齢となった商店主にとって楽だからである。そのような商店街は一般にシャッター商店街と揶揄され，残念ながら全国各地に広がっている（**図 3.13**）。このようなシャッター商店街はまちとしてすでに死んでしまっていると解釈されることが多いが，はたして本当にそうであろうか。

図 3.13　典型的なシャッター商店街

この課題を考えるうえでも，生き物が大きなヒントを与えてくれる。具体的には，茨城県の湖，霞ヶ浦で行われてきたアサザなどの多様な植生の復元事例を紹介しよう。かつて霞ヶ浦の沿岸で幅広く分布が見られたアサザなどの植物は，コンクリートによる護岸工事が各所で実施されるようになり，生息環境を奪われる形でその姿が見えなくなっていた。ただ，完全に死滅したように見えても，その種子はすぐに死に絶えてしまうわけではない。種子は地中の中で何十年かは静かに生き延びているのである。このため，その中に生きた種子が残っている土壌（シードバンク）を元の生息環境を復元した場所に持って行けば，そこで自然と以前あった植物は復活することが期待される。実際の取り組み状況を**図 3.14** に示すが，生息環境を取り戻すことで，何年かの間はまったく絶滅したと思われていたアサザなどの多様な植生が実空間に復活することになったのである。

このような発想は実際のまちづくりにもそのまま適用できる。ちなみに，図 3.13 で提示したシャッター商店街において，地産地消をテーマとした朝市を開催したところ，**図 3.15** に示すようなたいへんな賑わいとなっている。アポトー

（a）従前のコンクリート護岸

（b）土壌シードバンクを用いた植生帯復元

図 3.14　霞ヶ浦湖岸保全対策の概要〔写真提供：土木研究所，中村圭吾氏〕[7)]

図 3.15　図 3.13 と同じ商店街での朝市

シスが進まず，既存の閉鎖店舗が撤退しなくとも，このようなまち中の商店街の立地条件は，場所の面でも社会基盤の面でもきわめて恵まれているのが一般的である。そのようなところで，商業的魅力の高い商品が改めて販売されるのであれば，今まで眠っていた周辺居住者が再びそこに出向くようになるのは自然な流れである。彼らは普段は車で郊外の大型ショッピングセンターに買い物に行くのだが，一種のシードバンク的存在として，まち中の商業環境が復活すれば過去の行動を取り戻す形で商店街に戻ってくるのである。

なお，ここで例示した朝市のケースでは，道の両側の商店そのものは閉店しているものも多く，朝市の露店型の店舗のスペースは道路中央に連続的に取られている。なお，主催者の発表ではこの朝市に数万人の来訪者があるとのことであったが，実際に商店街の周辺の出入り口となる道路すべてに調査員を配し，朝市地区に入ってくる人数をカウントしたところ，実際の来訪者数はちょうど1万人であった。

もしも出店者が沿道の商店に入居して商売をしようとすれば，家賃などにかかるコストはかなり高額になることは明らかである。この朝市では露店型店舗で地価を顕在化させない商業形態をとることで，広く地域外からも出店者が応募することが可能となっている。また，そのことが魅力ある幅広い商品構成の提供を可能とし，多くの来訪者を招く結果に至っている。このように店舗でのアポトーシスが必ずしも遂行されなくとも，それを補うための工夫がなされることで，シードバンク化していた居住者がまち中に再び現れる仕組みの準備が可能である。

引用・参考文献

1）国土交通省：運輸部門における二酸化炭素排出量
http://www.mlit.go.jp/sogoseisaku/environment/sosei_environment_tk_000007.html（最終閲覧 2018 年 1 月）
2）Danish Ministry of the Environment : The Finger Plan, A Strategy for the Development of the Greater Copenhagen Area, p.5 (2015)
3）安立光陽，鈴木勉，谷口守：コンパクトシティ形成過程における都市構造リスクに関する予見，土木学会論文集 D3，Vol.**68**，No.2，pp.70 ～ 83（2012）
4）新谷洋二，原田昇 編著：都市交通計画（第 3 版），技報堂出版（2017）
5）山脇正俊：近自然工学 ―新しい川・道・まちづくり―，信山社サイテック（2000）
6）阪口将太：東京近郊の駅周辺商店街の変容と今後の継続可能性に関する研究 ～杉並区高円寺地区を対象として～，平成 21 年度筑波大学社会工学類都市計画主専攻卒業論文（2010）
7）Keigo Nakamura, Klement Tockner and Kunihiko Amano: River and Wetland Restoration: Lessons from Japan, BioScience, Vol.**56**, No.5, pp.419 ～ 429 (2006)

4 ネクローシスを避けるまちづくり

災害や衰退に伴う都市の荒廃は，生き物の細胞などにおけるネクローシス（壊死）にたとえることができる。本章では好ましいこととはいえないネクローシスから都市を守るうえでの留意事項をまず整理する。そのうえで，神経系や冗長性（リダンダンシー）の重要さ，都市の機能高度化と再生力のトレードオフの関係，強靭（きょうじん）性を高めるための多様性保全の重要性などについて整理を行う。

4.1 ネクローシスをどう避ける

前章で解説したとおり，細胞の死には事前に計画されたアポトーシス以外はネクローシス（壊死）となる。こちらは病気や怪我によって細胞が死んでしまい，結果的に痛みや化膿を伴うことになる。例えば**図 4.1** のような阪神淡路大震災に伴う火災による市街地焼失や，**図 4.2** のような東日本大震災時における

図 4.1 ネクローシス事例（阪神淡路大震災後の兵庫県神戸市）

図 4.2　ネクローシス事例（東日本大震災後の宮城県東松島市）

津波被害によるまちの破壊は典型的なネクローシスといえる。アポトーシスはどのようにまちづくりの中へ活かしていくかということが一つのポイントであったが，ネクローシスについてはその逆で，どうすればその発生を避けることができるかということを考える必要がある。

4.2 「ウサギとカメ」の教え

ここではネクローシスをどう避けるかということを考えるうえで，津波被害を軽減するためのまちづくりを例に取り上げる。国の基本的な考え方を確認すると[1)]，「堤防をつくって守る」という考え方と「危ないと判断すれば逃げる」という考え方を組み合わせて対応するという主旨のことが記載されている。具体的には

① 発生頻度の高い津波（L1）に対しては，海岸保全施設などを整備 → 海岸堤防，河川堤防などによる人命，資産の保護

② 最大クラスの津波（L2）に対しては，住民避難を軸としたハード・ソフトの総合的な津波対策 → 津波防災地域づくりによる人命を守るための対策を行う

という記述が見える。ここで，L1とは，おおむね数十年から百数十年に1回程度の頻度で発生する津波を指し，L2とは，おおむね数百年から千年に1回程度

の頻度で発生し，影響が甚大な最大クラスの津波を指すことになっている。わかりやすくいえば，L1 レベルの大きくない津波については堤防で守ってもらい，それより大きい L2 レベルの津波が来るようであれば，とにかく逃げましょう，という主旨の内容になっている。

この方策を生き物のたとえから考えると，L1 に対してはしっかり守るカメ型の対策を打ち，L2 に対しては迅速に走って逃げるウサギ型の対応が推奨されているといい換えることができる。このように捉えると，結局のところ，津波対策のまちづくりは「ウサギとカメ」の能力比べの様相を呈してくる。ちなみに，「守る」というカメ型の発想はあえて動き回ることはせず，**図 4.3** のような固い甲羅を活用することで，じっとして災厄が通り過ぎるのを待つという考え方である。じつはこのようなカメ型の発想に基づくまちづくりは，有史以来多くの地域で実際に取り入れられてきた。例えば，**図 4.4** のように堀と城壁を周囲に巡らせた城郭は，まさにカメ以外の何物でもない。ヨーロッパの歴史的都市などは，**図 4.5** のようにまち自体を城壁で囲み，大きなカメを構築した例も少なくない。

図 4.3 甲羅で自らを守るカメ

図 4.4 城郭はカメ型の発想そのもの（姫路城）

なお，どのように堅牢な甲羅を準備しようとも，時としてその防御が破られることも散見される。実際の海ガメも時としてサメの鋭い歯によって甲羅を砕かれることも起こっている。東日本大震災の際も，津波が越えてくることはないと思われていた複数の堤防が実際には破られた（**図 4.6**）。

図 4.5　まちを囲む城壁（タリン：エストニア）

図 4.6　津波に破られた堤防（宮古市田老地区）

一方，われわれは走るのが速いウサギのことをどの程度理解しているだろうか。ウサギは確かに走るのが速い。しかし何 km も走って逃げるということはない。実際にウサギは自分の巣穴から一定の距離の中で日常は生活しており，もしなにか外的の侵入など緊急事態が発生すれば，巣穴まで飛んで帰るというパターンで行動している（**図 4.7**）。このため，それほどの長距離を走るということではない。なにかあったときに，確実に逃げ込める安全な場所を近くに確保しておくということが重要なのである。

ちなみに「逃げる」パターンの津波避難を考えた場合，**図 4.8** の千葉県九十九里浜沿岸地域の例がこのウサギ型避難を説明するうえでの好例と考えられる。

図 4.7　ウサギが走るのは巣穴までの短距離

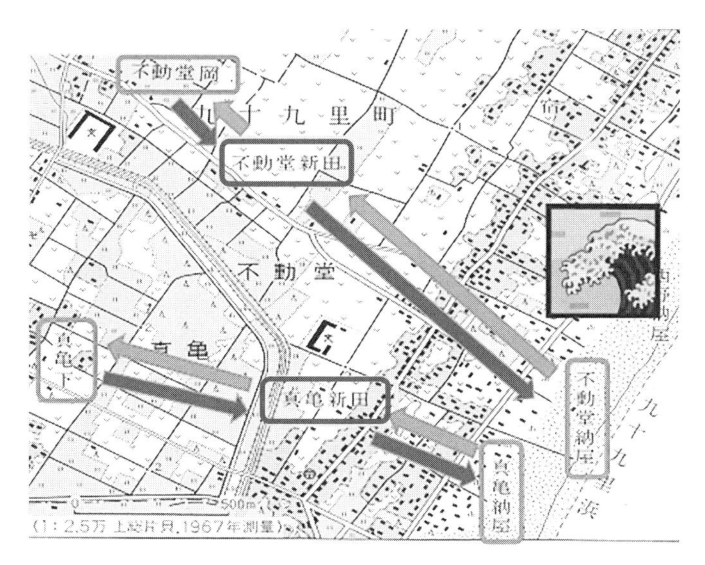

図 4.8　九十九里浜の納屋集落
〔地理院タイル（土地利用図）を加工して作成〕

具体的には，図 4.8 の地図より，一番内陸側に不動堂岡，真亀下といった地名が見える。これらはおそらく昔から存在した本集落と考えられる。この本集落の少し右下の海側に，それぞれ不動堂新田，真亀新田という地名が見える。新田集落は江戸時代の開発であることがわかっており，各本集落の地名が含まれていることから，各集落の居住者が海側に向かって農地の開拓を進めていったことが読み取れる。さらに海側に目を向けると，不動堂納屋，真亀納屋といった集落名の存在を海沿いに認めることができる。これらは納屋集落と総称され，各集落の住人が漁をするための漁具などを収納しておく納屋がもともと配置されていた。

この地域に津波が来るとき，堤防などがないために海水面の変化が直接見えることから，比較的早く察知することが可能である。そこで，津波が察知された場合は予測される津波の高さにかかわらず，納屋集落を捨てて内陸の本集落までたどりつくよう取り急ぎ逃げ帰るという「ウサギ型」避難を行うことになる。これは，納屋集落，新田集落など，端にあって直接生命維持に関わらない機能から切り捨てていくという段階的なセキュリティシステムということもできる。なお，図4.8からは現在は内陸の本集落よりも海岸沿いの納屋集落付近の道路沿いに多くの人家が立地していることが読み取れる。現代における海岸沿いの居住者は津波被害発生の可能性に十分備えておかなければならないことも合わせて理解できよう。

さて，このカメとウサギのたとえからなにを学ぶかというと，両者はそれぞれ特定の機能に特化した生き物であるということである。カメは守ること，ウサギは逃げることに集中し，その逆の戦略はまったく考えていない。戦略的にそれぞれ特化した両極端であり，だからこそ，それぞれの種が生き残れてきたのである。守ってかつ逃げる「カメウサギ」は生き物として存在したかもしれないが，現在の生物界には残念ながら見当たらない。もともと存在できる可能性がなかったのか，存在していたとしても進化の過程で自然淘汰(とうた)されている。つまり，守ってかつ逃げようという二兎を追う戦略はじつはきわめて危険なのではないかということをカメとウサギは共同で示唆してくれている。L1とL2という津波高によって守るか逃げるかを判断して行動を変えるという戦略は，一見合理的ではあるが，本当に持続可能な解なのかどうかは反芻(はんすう)して考えてみる必要がありそうだ。

4.3 「守る」コストを考える

守るための防御の仕組みをきちんと持つかどうかということを，違う生き物のたとえで考えると，カタツムリになるか，ナメクジになるかという選択問題としても説明することができる。この場合，カタツムリもナメクジも同じように歩みが遅い。すなわち逃げ足が速いウサギ型ではまったくない。この両者の違いは，カタツムリは防御用の殻をいつも持ち歩いている（**図 4.9**）のに，ナメクジは防御の材料をなにも持ち合わせていない（**図 4.10**）ということである。

図 4.9　カタツムリには殻がある

図 4.10　ナメクジには殻がない

防御の道具を持っているほうがなにかと心強いように思われるが，それではなぜ，すべてが殻を持ったカタツムリに進化しなかったのか。カタツムリが殻を持つためには，それだけのカルシウム系食材を摂取しなければならない。また，殻をいつでもどこにでも持ち歩くには，重い荷物を持ち歩くエネルギーもいる。すなわち，殻を持つにはそれなりのコストを払っているのである。そのコストを払うぐらいなら殻がなくても安全に生活できる環境のほうを選ぶという選択肢もあり得る。このため，ナメクジはカタツムリと違って昼間は植木鉢の裏や台所の隅など目につかないところに潜み，天敵の目につかないように夜の間に活動を行うようになり，結果的にその生活の場をカタツムリと明確に棲み分けている。ここから学べることは，コストとリスクを最小化できるような居住環境をそれぞれの個人に合った形で選べばよいという考え方である。ネクローシスを避けるための立派な殻（堤防）を持つには，それなりのコストがかかる。このコストを負担するのが難しく，体力的に迅速に逃げることができるわけではないと思う人は，自分が住む環境を選ぶ（そもそも津波が来ない場所に住む）という観点がやはり不可欠になる。

カタツムリとナメクジはともに歩みは遅いが，防御するのか，場所と時間を選ぶのか，それぞれ生き抜くうえでの明確な最適化戦略を図かった結果，種としてそれぞれ生き残っている。その中間的な戦略を取る生き物が見当たらないのは，先述したカメウサギが見当たらないのと同様である。

4.4 切れた指は急いで縫合

さて，災害などによって地域が大きなダメージを被り，実際にネクローシスに陥りそうになった場合はどうすればよいのか。それはいうまでもないが，迅速な対応がきわめて大切になる。人間の体にたとえると，事故によって指を切断してしまった場合，現代の医療技術をもってすれば迅速に対応すれば縫合，再生は可能であるらしい。このような状況は災害に直面した都市でも同じである。少しでも早く道路などのライフラインを復旧し，救助復興活動に入ることが定石である。

2011 年に発生した東日本大震災では，三陸地域沿岸の諸都市は津波で大きな被害を被った。この際，各被災地に入る主要道路の復旧がきわめて迅速になされたことは特筆すべきことである。具体的には，「くしの歯作戦」と呼ばれる考え方で早急な道路の復旧がなされた。その全体像を**図 4.11** に示す。ここでは南北に縦貫する東北道の機能をまず確保し，そこから東の三陸沿岸に向けて同時並行で「くしの歯」のような形で道路の復旧を一気に進めている。

なお，復旧にあたった国土交通省は震災時でも機能した独自の通信網を有しており，どこがどのような状況で不通区間になっているかということの相互連絡が災害時にもかかわらず迅速に取れたということの意味が大きい。これはつまり，怪我をした際も神経系は保持されていたということである。

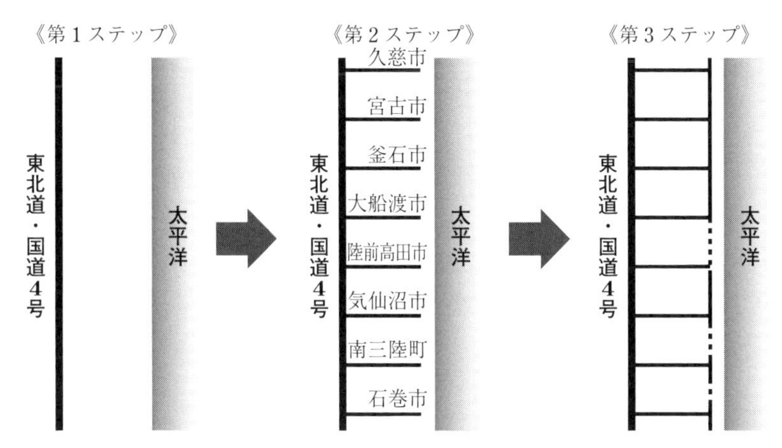

図 4.11　東日本大震災時の道路復旧「くしの歯作戦」の全体像〔国土交通省資料より〕

4.5　無駄も大事，リダンダンシー

人間の臓器の中には肺や腎臓など，同じ機能を有する臓器が複数備わっているものがある（**図 4.12**）。例えば，結核などで片方の肺を患って切除をしても，もう片方の肺だけで十分生きていけるだけの働きをしてくれる。このような一見無駄にも思えるような構成は，じつは生きていく中でのリスクを回避するう

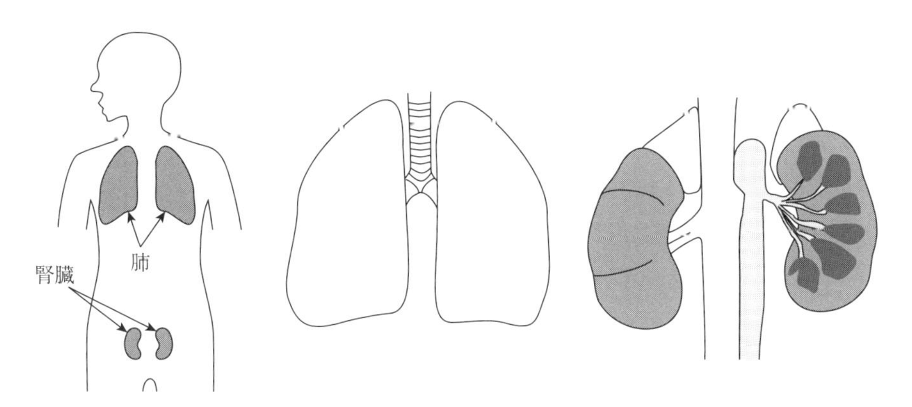

図 4.12　同じ機能を有する複数の臓器

えで，非常に重要な仕組みとなっている。一般に，このようになにかあったときでもその機能がカバーされる状況を，「冗長性（リダンダンシー）がある」と表現している。

地域においても，このように普段はその有効性があまり見えないものが，なにかの有事の際には有効に機能するというケースは少なくない。例えば，東日本大震災の際に仙台空港が津波を被って機能しなくなったとき，山形空港や花巻空港がその機能を受け持つ大きな役割を果たしていた。それまではどちらかといえば，地方空港整備は無駄遣いであるというような批判もあったが，このことで評価は大きく変わっている。同様に高速道路のネットワークにおいては，磐越道が整備されていたことで，新潟方面から東北の被災地へのガソリンなどの補給が可能になった。機能を削って日常的にぎりぎり機能を果たせるようにしておくのがコストカットという観点からは一見効率的なように思える。しかし，生き物の体は必ずしもそうなっているわけではなく，一定の冗長性を体内に確保しておくことで，致命的なネクローシスの発生を回避しているのである。

4.6 再生できる都市，できない都市

生き物の中には特定の機能や部位が損なわれても，そこを元通りに再生できる能力を有しているものが少なくない。もちろん人間も多少の怪我なら時間がたてば元通りに治癒していく。しかし，**図 4.13** のように捕獲から逃れるために尻尾を自分で切り落とし，その部分がまた再生するトカゲのような真似はできない。また，生物の教科書などでよく紹介されているプラナリアは，**図 4.14** のように細かく切り刻まれても，その一つひとつの部位から全体を再生する能力を有している。一概にはいえないが，高等生物になるほど体の各部位の機能の分化が明確になるため，機能分化の程度が低い生物のほうがこのような破壊的ダメージに対する再生力が強いということができる。すなわち非常に乱暴ないい方を許すとすれば，人間がトカゲやプラナリアの真似ができないのは，体の仕組みがより高度で複雑であることに一因がある。プラナリアが再生できる

図 4.13　人間には真似できないトカゲの尻尾切りとその再生〔http://blog-imgs-24.fc2.com/a/m/a/amanakuni/CIMG4081s.jpg より〕

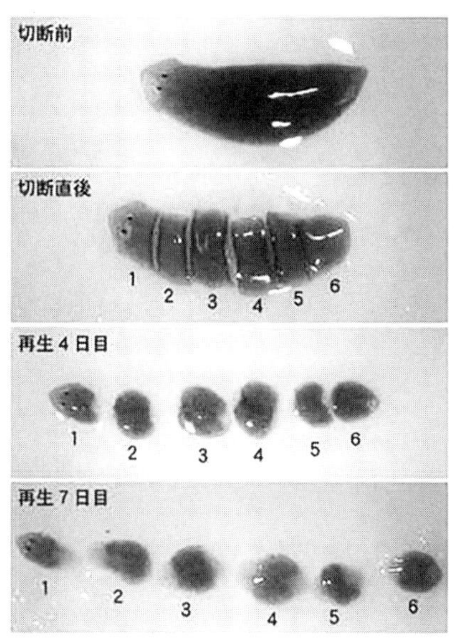

図 4.14　プラナリアの再生〔写真提供：阿形研究室〕

のは，細胞の機能分化戦略を取らず，汎用化を重視しているという表現が可能であろう。

このことを都市に当てはめると，高度に機能分化した都市システムを有する国においては，ネクローシスを受ける部位によっては，それだけで生命体として危険な状況に陥ることを意味する。例えば日本の場合，中枢機能が集中している東京が大震災を受ければ，その機能をすぐに代替できる都市はなく，国家としての機能が麻痺(まひ)してしまう可能性は高い（**図 4.15**）。またそのような高度機能に特化した都市が，以前と同じように再生するには時間がかかることも容易に予想される。高速交通や通信技術に支えられ，平時はきわめて効率の高い機能分化型の高等生物型国家は，その中枢がダメージを受けることに対してきわめて脆弱である。

一方で，都市の機能がまだ未分化の，都市自体が成長途上にある国家を想定すると，中心都市と想定するところがダメージを受けても生命体としての国家のダメージは少ない。単に中心都市と想定するところを移せばよいだけである。

図 4.15　さまざまな機能が高度に集中した東京の再生能力は？

都市や国家の再生が必要となるような有事の際，すなわちプラナリアにとっては体が刻まれてしまったときのような場合にこのような事象は顕著に表れる。例えば，豊富な武器を有する国家がまだ都市の機能分化が十分でない国家と戦争を行った場合，機能未分化側の国家では最終的にはゲリラ的な戦略を取ることになる。なぜなら，どの地域の機能もさして変わらないのであれば，「どのまちがやられても，どのまちを新しい本部にすることも可能で，どのまちからも再生できる」というプラナリア的な細胞の汎用性の高さを発揮できるためである。アメリカ合衆国に侵攻されたベトナム側の戦略，日中戦争時における毛沢東の戦略などは，いずれもこのような都市機能分化の発展段階と，その再生力の関係性から説明できる。

4.7　まちの多様性保全を

生態系において生物多様性という概念がその健全性を確認するうえでたいへん重要であるのと同様に，都市においても多様性という概念は重要な意味を持つ（**図 4.16**）。多様性が損なわれた生態系はその再生が難しいのと同様，そこで行われている諸活動にバリエーションがない都市は再生力（しぶとさ）が弱く，同時に魅力に乏しい。例えば，ある特定の工場や産業のみに依存して発展

図 4.16　安定した生態系のため，種の多様性は大切

した都市は，その基幹となる工場や産業が抜けてしまうと都市全体の活力が弱まってしまう。その一例として，エネルギー源が石炭から石油にシフトした際，産炭地域における多くの都市が衰退に直面した。なお，都市はその規模が大きくなるに従い，そこに居住する人々に対して商品やサービスの提供など，人口規模に応じたさまざまなビジネスチャンスが発生する。たとえ最初は特定の産業や工場から発達した都市であっても，一定規模以上の大きさに成長すれば，それだけ多様性に富んだ商業やサービス業の展開が可能となる。そのようにして多様性が確保されると，いずれかの機能が撤退したり衰退したりしても，都市としては十分持ちこたえることが可能になる。

また，都市の規模がもっと大きくなると，そこでしか得られない特殊なサービスが提供されるようになり，そのような高度な多様性が都市の競争力を強力に支えていくことになる。例えば，東京がなぜこれだけの吸引力を有するかといえば，その中に多様に分化し，専門化した地区があるためである。東京の各地区における女性の装いを見るだけで，各地区の分化した専門性と都市全体での多様性を確認することが可能である（**図 4.17**）。このような多様性の概念はさまざまな形で数式としても表現され，客観的な計測が試みられている。簡単な指標化事例として，以下のシンプソンの多様度指数 D が挙げられる。ここで，

図 4.17　東京の賑わいを支える多様性

S は種の数，P_i は i 番目の種の相対優占度（その地域の中でその種が占める割合）を示す。

$$D = 1 - \sum_{i=1}^{S} P_i^2$$

多様度指数 D は 0 から 1 の範囲にあり，まったく多様性がなく 1 種のみしか存在しない場合は 0，均等に配分されて種の数 S が多いと 1 に近づく性質を持っている。

なお，なにを同種と見て，なにを異種と見るかはじつはそんなに簡単な問題ではない。筆者はいくつかの店舗のショーウィンドウの前で，現代の都市において多様性と称されるものがそもそも一体なにであるかということを考え直す必要があるのではないかと思ったことがある。**図 4.18** はその一つの例であるが，たしかに商品の種類はきわめて多様であり，選択肢の数はきわめて多い。しかし，これは見方を変えると，実質 1 種類しかないのと同じではないかということである。

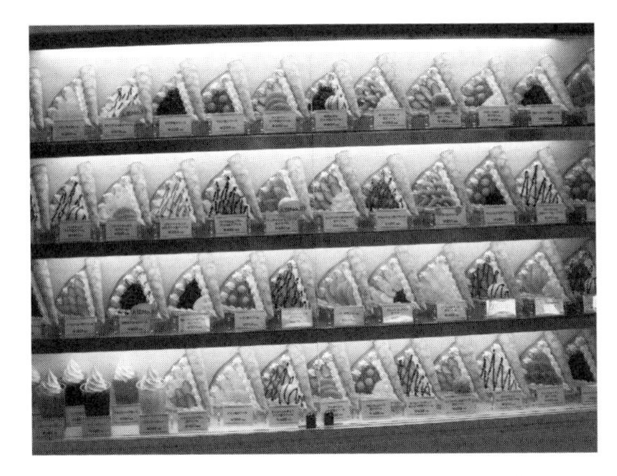

図 4.18　現在の都市の多様性はこれと異なるといえるのか？

このような多様性を豊かと見るのか，貧困と見るのか。筆者はこれは見かけの多様性であり，現在の都市で多様性といわれているものの多くは，その内実は後者に近いと感じている。振り返ってまち中の例えば店舗構成を見ると，個性豊かな個人商店が減って，全国どこでも同じ看板を掲げるフランチャイズ系の店舗ばかりが増えている。海外有名フランチャイズのコーヒー店の立地が，まちの多様性を高めたといって歓迎されたりしているが，それは本当に多様性の面で豊かになったといえるのだろうか。同様に，多様な店舗構成を内部に抱えている特定企業のショッピングセンターのみが独占的・寡占的に展開している状況は，はたして真に多様性があるといえるのか，われわれはよく考えてみる必要がある。

また，このような多様性に関わる課題は，なにも商業機能ばかりが該当するものでもない。年齢・社会階層が多様な旧来の住宅地区をタワー型マンションに建て替えた場合，新たな居住者が特定の年齢層に偏ってしまう現象も多様性の喪失である。多様性が損なわれれば，さまざまな外力に対して多様なものの中からなにかが次世代に向けて生き残るという生態系としての強靭さが損なわれ，都市としてネクローシスに陥る可能性が高まるのである。

4.8 君子は豹変（ひょうへん）する？

特定の商店街などを例に考えると，おのおのの商店でさまざまな商品を提供するという考え方がある一方，多様性をあえて捨てて特定の機能に商店街全体を特化するというまちの生き残り戦略（専門店街化）ということもありえる。全国にはさまざまな形の専門店街があり，その分布も多様である。例えば東京秋葉原の電器店街のようなところから，焼き物を地場産業とする地方都市である栃木県益子町のように陶器店からなる専門店街なども存在する（**図 4.19**）。これらはその地区を含む都市の個性を語るうえでも重要な位置を占めている場合が多い。

図 4.19　栃木県益子町の陶器屋街（地方における地場産業と連動した例）

一方で，このような専門店街は単一の機能に依存するため，社会環境の変化による影響も受けやすい。例えば，電器街を例に挙げると，電器製品自体は実際の店舗に赴かなくても，現在ではネットを通じて最安値の商品を購入することができるようになっており，全国におけるかつての電器街はいずれも苦戦を強いられている。例えば，京都市の寺町にはかつては数店の専門店から構成される電器街が存在したが，現在は多くの専門店が撤退してしまい，電器街と呼べる水準ではなくなっている。一方で，東京の秋葉原ももともと**図 4.20** に示

図 4.20　秋葉原といえば，もともとこのような
パーツを売る店舗が中心だった

すようにパーツなどを売る小売店が中心であった。しかし，近年では，電器製品やパソコンなどの販売だけにとどまらず，来街者の構成が男性でオタク系に偏っていることを逆に利用し，今までにはなかった分野に展開することで専門店街としての機能を今につないでいる。具体的には，来街者の嗜好に合う形で**図 4.21** のようなゲームによる対戦が可能な場を提供したり，またアイドルグループの活動拠点整備やメイド喫茶の展開（**図 4.22**）が進んでいる。常にまちのコンテンツを変化させていくことで，時代に応じた専門店街としての生き残り戦略を展開し，それなりの成功を収めている。

図 4.21　秋葉原，ゲーマーのたまり場（2012 年 6 月）

図 4.22 新たな機能を付加していく秋葉原

時代の変化は急であり，事前に計画できることと計画できないことはもちろん存在する。ただ，都市としてのネクローシスを避けるためには，場合によっては都市の性格を豹変（ひょうへん）させることもメニューの一つとして想定しておくことが必要である。ただ，このような変化は事前に計画することになじみにくいということも事実であり，自然淘汰を勝ち抜くうえであたかも都市が一つの種として自然環境に適応を続けているようでもある。

引用・参考文献

1） 国土交通省：国土交通白書 2012

5 まちを診断する

本章では生き物から学ぶまちづくりを実践していくうえで，まちそのものを生命体として診断するという視点からその手がかりをいくつか提示する。最初にまちを診断する役割を担う「まち」医者の重要性を指摘し，診断を行ううえで都市や地区ごとのカルテを準備して進めるという方法を紹介する。また，人間ドックがあるように，都市においてもその体の総点検を行う都市ドックの必要性を指摘する。さらに診断を効率的に進めるために，関連情報を可視化する工夫の一例を紹介する。合わせて診断を進めるうえでのポイントを整理するとともに，場合によっては思い切った処置が必要となる場合もあることを解説する。

5.1 「まち」医者の重要性

われわれの日常生活において，かかりつけの医者が身近にいるということは心強いことである。普段から診てもらっていることで，予防的なアドバイスも受けられるとともに，病気になったときには普段の知識をもとにした的確な処置が期待できる。また，かかりつけ医では手に負えない重篤な病気にかかった場合でも，大病院で診てもらうための紹介状を迅速に書いてもらうということができる。なによりもこのような仕組みで支えられているということが，日常的な暮らしの安心につながっている。

生命体としての都市においてもこのことはまったく同じである。日頃からその都市のことをよく知っており，なにか問題が発生しそうなときには的確な対応をすみやかに指示することのできるかかりつけ医に相当する「まち」医者が各都市についてくれるとたいへん心強い。ちなみに，「まち」医者は学識経験者などなにか特定の職業でないといけないというわけではない。行政職員であってもかまわないし，コンサルタントにもそれにふさわしい方は少なくない。普段から日常的にその都市に関わるとともにその都市のことをよく知っており，また気持ちのうえでもその都市にある程度の思い入れがある人が望ましいといえる。

ただ，実際のところ各都市で技能を備えた「まち」医者に相当する人が十分に確保できているかといえば，そうではない。なかなかそのような役割を果たしてくれる人材が十分ではないというのが実情である。特にまちづくりに関わる専門分野が広く分化してしまっていることで，まちづくりという幅広い課題を公平な視点で見渡すことが難しくなっていることがその原因の一つといえる。すなわち，良好なまちづくりはさまざまな分野間のバランス関係がよく調整されていることが必要であり，自分の分野のみの専門知識に偏っていたり，また特定の事象に思い入れが強すぎる場合も必ずしも適任ということはできない。

5.2　都市カルテ・地区カルテ

なお，いずれのまちや，まちを構成する各地区はそれぞれに歴史や成り立ちが異なり，結果的にその個性も異なる。それらを理解するうえで十分な情報がないのに，将来にわたる計画上の判断を適切に下すということは「まち」医者にとっては簡単なことではない。ましてや一般住民にとっては情報が不十分という環境は，まちづくりに関係する活動を行ううえでさらにそのハードルが高くなる。

取り組む対象とするまちやまちを構成する地区の特徴を事前にきちんと把握する手段として，実際の医者が行っているように「カルテ」を都市や地区ごとに作成しておくことは一つの有効な考え方である。カルテは医療機関を受診する個人ごとの病歴や治療歴の記録であるが，別にカルテという名称にこだわる必要もなく，ラテン語で同じ語源となるカードやカルタといった名称でもさしつかえない。地域情報のカルテ化においては，自治体スケールなどの上位のスケールでカルテ化を行うか，それとも町丁目などの地区スケールでのカルテ化を行うのか，それぞれの目的に応じて対応するスケールを選ぶ必要がある。

自治体スケールのカルテについては，すでに出版されている書籍や統計資料で代用することも可能である。その意味でカルテという名称だからということで，実際に1枚1枚用紙がバラバラになっている必要もない。例えば筆者が自治体レベルのカルテの意味で使用しているのは，東洋経済新報社より毎年発行されている「都市データパック」[1)]である。見開きで都市の特徴と基礎データが対で整理されており，たいへん使いやすい。ただ，このような自治体レベルで一つにまとめられたカルテでは，都心も郊外も，また交通利便性のよいところも悪いところもいっしょくたにされた数値として観察されることになり，その切れ味は良くないといわざるを得ない。特に市町村合併が進んだことで，自治体によってはまったく性格の異なる地域がまとめて数値化されているところもある点は注意が必要である。

このような状況を考えると，地区レベルでのさまざまな取り組みの影響や効果を検討するうえで，地区サイズでのカルテがあるとたいへん便利である。なお，地区サイズといってもどのようなスケールで考えるかが大切なポイントになる。その判断において，その範囲の中では地区としての特徴が同一と考えてもさしつかえないスケールが適当であると思われる。この場合の特徴とは，公共交通の利便性であったり，土地利用の状況などが該当する。実際に統計データがどのようなスケールで提供されているかということも考え合わせると，具体的には町丁目がこの地区カルテ作成のスケールとしては妥当であると思われる。ちなみに，町丁目のサイズは，一般の市街地においては10～30 ha（0.1～0.3 km^2）程度の広さである。

地区カルテに含める項目としては，先述したような公共交通の利便性，土地利用規制や実際の土地利用のほかに，都市圏の中での位置，人口密度（人口・面積），居住者の年齢構成，居住者の交通行動，景観，空き家の状況など，地域の課題を反映した多岐にわたる項目が想定される。これらの諸データは理想としては，実際にその地区に出向いてそれぞれの個別データを収集・調査することが基本である。しかし，都市内の地区全体に対して個別の地区カルテを完備するのは作業量的にもかなりたいへんであるため，それが難しい場合は**図 5.1** のようなほかで準備された一般的な地区カルテ（以下，標準カルテと呼ぶ）を援用するのも一つの策である。その場合は入手が容易な基本統計情報などを照合

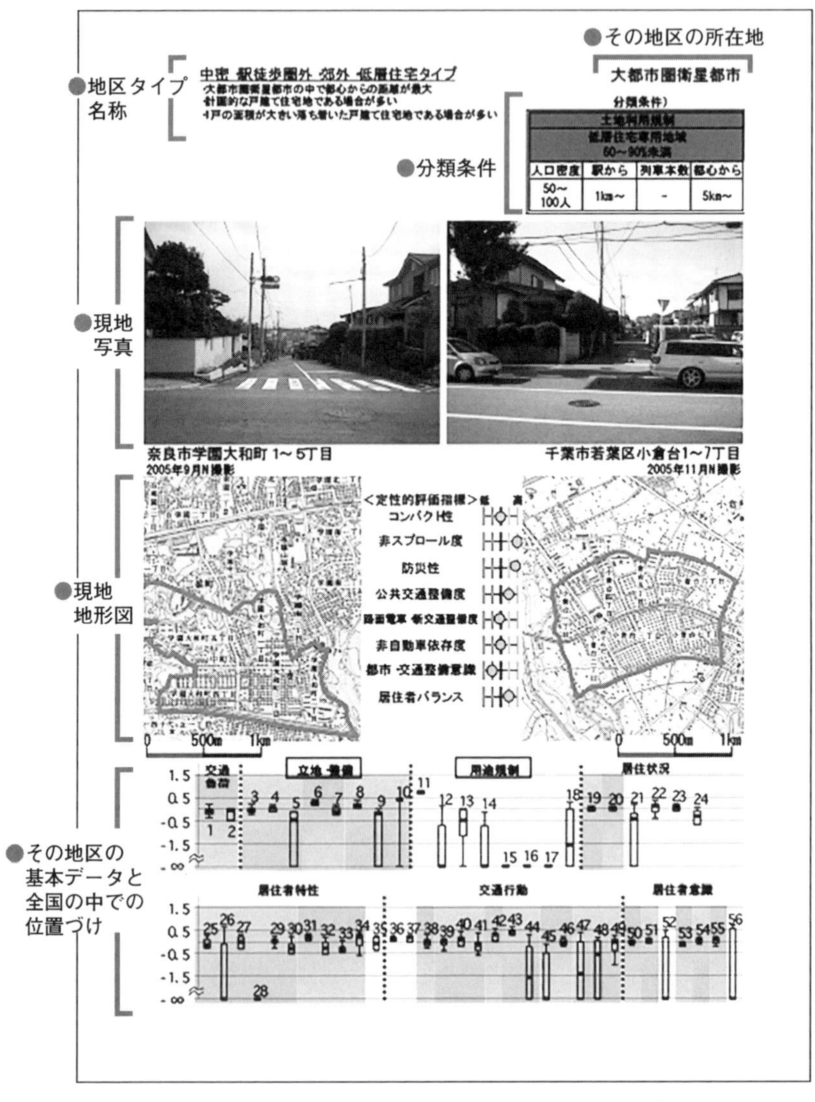

図 5.1　地区カルテの一例（120 分類の中の 1 ケース）[2)]

する形で，検討したい地区に類似している地区を標準カルテより抽出し，それを活用するだけでもある程度の地区の特性に関する検討が可能である。異なる都市であっても，同様の性質を持つ地区は多数存在しており，既存研究によってわが国の住宅地はおよそ120程度の地区タイプのいずれかに類型化されることが明らかになっており，標準カルテはそれらに対して準備されている[2)]。このため，検討を行う地区がこの120地区タイプのいずれに該当するかを照合することで，検討地区の一般的特性を標準カルテから抜き出すことが可能になる。

5.3 カルテ利用の展開

なお，このような地区カルテは一般的に各地区の現状をわかりやすく整理するために作成するものだが，これに各地区の将来予測に関連する情報が付記されるならば，さらにその利用可能性は広がるといえる。特に多くの自治体では人口減少時代に向けた立地適正化計画を策定することを模索しており，地区ごとにどのような変化の可能性があるかを把握しておくことは重要である。ただ，将来予測はモデル分析などの専門的知見が必要とされることが多く，どの地区でも簡単に正確な予測ができるという性格のものではない。

このような将来予測が難しい場合も，先述した標準カルテを組み合わせることで，今後の地区のあり方や可能性をある程度議論することが可能である。例えばA地区に今後公共交通整備がなされる場合，整備後の公共交通利便性指標値が近い他地区の標準カルテを並べることで，A地区の将来像に関する潜在的な諸指標の幅を類推することができる。ほかの指標値があまりA地区の指標値からかけ離れていない標準カルテを数点選んでその内容を確認することで，A地区で実際これからどのようなことを行っていくのが良いかを吟味することがより容易になる。

なお，120種類ある標準カルテとの照合が手順的に難しいと感じる場合は，もっと簡潔な標準カルテを手始めに用いてもさしつかえない。例えば，**図5.2**は住宅地を10タイプに分けた標準カルテの一例である[3)]。なお，本書で示した

レベル	地区イメージ図	解説	自動車 CO_2 排出量 (g-CO_2/日) [平日一人当り(旅客)]	居住密度	公共交通条件	土地利用	広域的な位置づけ
1		居住者交通による炭素排出が最も小さいいわゆる都心商業地域。歩ける範囲で何でもそろう。	～1250	かなり高い (60-150 (人/ha))	最もよい。サービス頻度の高い鉄道駅や LRT 駅が存在。	商業的なゾーニングの占める割合が高い。	都市圏の中心や軸となるコリドール上に存在。
2		大都市や衛星都市の利便性の高い通勤鉄道駅周辺の一戸建て住宅地。一つの目指すべき姿。	700～1450	かなり高い (60-150 (人/ha))	とてもよい。サービスレベルの高い鉄道駅の徒歩圏内。	住宅が密集しているが、一戸建てが主体。居住環境はよい。	都心まで便利な通勤鉄道駅直近に位置する。
3		様々な用途が混在する密集市街地。居住環境、防災環境は必ずしも良くない。	950～1500	非常に高い (140-250 (人/ha))	よい。	過密状態で混在。	都市内の市街地として面的に存在。
4		地方都市(大都市ではない)の中心地(商店街など)のイメージ。	1200～1500	地方都市としては高い (40-100 (人/ha))	地方都市としては最もよい。	商業的ゾーニングが主。	地方都市の中心部。
5		団地、マンションなどのまとまった中高層住宅から構成される。	1200～1950	非常に高い (120-250 (人/ha))	比較的よいが、ケースバイケース。	中高層の団地、マンションから構成。	必ずしも公共交通軸上にあるわけではない。
6		郊外部において土地利用コントロールがきちんとなされた比較的まとまった住宅地。	1200～2200	低い (10-50 (人/ha))	よいとはいえない。	地区全体としての密度は低いが、メリハリのある土地利用。	公共交通軸からはずれる場合が多い。旧集落などが地区の核となる場合も。
7		ミニ開発など計画性の低い郊外住宅地。	1650～2500	やや低い (30-80 (人/ha))	よいとはいえない。	タイプ9,10よりは密であるが、タイプ2よりは疎である。	バスによるアクセスか、公共交通軸上からはずれる地区も。
8		郊外幹線道路沿いに発達したロードサイド型の商業施設などが散漫に立地する地区。	1900～2900	大都市としては低い (30-100 (人/ha))	悪い。道路交通主体の地区。	郊外幹線道路沿いのロードサイド型商業。	公共交通軸からははずれている。
9		都市圏の外延部にある一戸建て住宅地。移動は自動車が前提。	2400～2900	低い (20-60 (人/ha))	かなり悪い。	密度の低い戸建住宅地。	都市圏の公共交通軸からはずれ、孤立している。
10		地方都市のはずれ(山林、田畑の中)にあるまとまりのない戸建住宅。居住者は車の長距離運転必須。	2600～	非常に低い (20(人/ha)以下)	何もない。	農地等の中に戸建住宅が点在。土地利用計画がそもそもない。	都市圏構造の中で全く孤立。

図 5.2 地区カルテの一例（10 分類のケース）[3]

標準カルテはあくまで一例であり，事例研究が蓄積されることでカルテ自体の体系化が進められることを期待したい。また，例えば各地区タイプがその後時間的経過を伴ってどのようなタイプに変遷していく可能性が高いのか，そのような時間的変遷のパターンについても，今後の予測精度を高めるために情報の蓄積を行っていく必要がある。

5.4　都市ドックの必要性

さて，このようなカルテに記載すべき診断のための基本的情報が整理できたなら，まちに対して実際の診断を行うことが容易となる。人間ドックがあるのと同様に，都市ドックによる定期点検が都市にとっても必要ということがいえる。手順としては，むしろ都市ドックを定期的に実施することを決め，そのためにカルテに記載する情報を集めるという形にしたほうが継続的な運営が可能となろう。

特に中年以上の成熟した都市については，都市の生活習慣病の事前予防のため，都市ドックによる点検を行うことが必須といえる。ちなみに人間の場合，人間ドックは35才以上になると原則受診となる。その基本的な調査項目である身長，体重，血圧などは都市ドックに置き換えると人口や面積，土地利用など基本的な調査項目に相当しよう。人間ドックではさらに歳をとると生活習慣病チェックのためにさまざまなオプション検査が増えていく。例えば，骨密度検査，視野検査，睡眠時無呼吸検査，内臓脂肪検査，マンモグラフィ（乳がん検査）などさまざまなメニューが準備されている。都市ドックとて状況は同じということがいえ，空き家の状況，居住者の免許返納状況，インフラの劣化状況などといった調査項目は年配の都市にこそ必要な点検といえる。大切なことは，適切な診断項目に対し，対応する十分な精度のデータを得ることである。実際のところ，このことが技術進歩の影で誤解されているケースが散見される。

例えば，交通行動のデータについては，過去には入手することができなかった自動車の位置情報が瞬時にきわめて詳細に取られており，ビッグデータとして分析することが可能である。確かにこのデータからいつどこで渋滞が発生しているのかといった過去には得られなかった緻密なアウトプットを得ることができる。しかし，いくらデータの量が多くとも，それ以上のことを得ることは難しい。都市としての診断を行うためには，どんな人たちがどういう目的でどこに移動しているか，という情報が統計的な分析を行えるだけの量が得られれば，都市のどこでどのような対策を打つのが適切かということが判断できる。単にデータ量が極端に多いということではなく，診断を行ううえで必要なデータ項目がきちんと構造化されていることが大切なのである（**図 5.3**）。

図 5.3　ビッグデータというだけで都市診断に役に立つとは限らない

近年では過去に取られていた構造化されたデータを継続して整備するだけの予算が確保できず，必要な調査項目を落としてしまったり，量が多いだけのビッグデータにやみくもに頼ろうとするケースが散見される。これは，目隠しをして診断結果を出すことにほかならない。不適切な診断結果を出すと，その節約したコスト以上のマイナスが生じることをよく理解すべきである。なお，都市ドックにおいて，経年的にデータを蓄積していくことが大切なのも人間ドックと同様である。過去の傾向と違う数値が出てくると，その調査項目は要注意項目となり，特に観察の対象にするとともに精密検査を行うことも想定される。

5.5 可 視 化 す る

上記のようなさまざまな評価指標や地区カルテを整理しても，都市の全体像を感覚として理解することは簡単ではない。都市は一定の広がりを持ち，その場所場所で異なった土地利用や活動が行われているため，その空間的な全体像が把握できて初めて的確な診断が行えるといえる。それを可能にするのは都市構造を見える化する試みである。レントゲンで肺の全体像を見る，内視鏡で胃の内側全体を見るといった行為と同様，直接の目による観察が都市計画においても必要である。

このようなニーズに応えるために開発されたフリーソフトウェアに「都市構造可視化計画」[4]がある。このソフトウェアは福岡県，国立研究開発法人建築研究所，および公益社団法人日本都市計画学会九州支部都市構造PDCA研究分科会によって共同開発されたものである。Web上の「都市構造可視化計画」のサイトに入って対象にしたい市町村と表示したいデータ項目を指定するだけで，メッシュレベルでの都市構造図が瞬時に表示されるようになっている。なお，本ソフトウェアは表示をグーグルアース上に落としているところがポイントで，見るスケールや角度を瞬時に自由に操作できるとともに，拡大すれば各場所にどのような施設があるか，またストリートビューまで降りることでその通りの景観さえもすぐに把握することができる。

一例として，新潟市の夜間人口分布を可視化したものを**図 5.4**に示す。その

図 5.4　「都市構造可視化計画」による新潟市の夜間人口分布
〔Google Earth，ZENRIN，Data Japan Hydrographic Association より〕

地点の夜間人口は地図上で直方体の高さで表されている。この図から新潟市の郊外では夜間人口の多いところが線状につながっていることが読み取れる。グーグルアースに降りて詳細を確認すると，住宅が連なっているところの多くは河川堤防上であることがわかる。図 5.4 上で人口ゼロを示す一番薄いグレーで示

（a）2007 年時点（500 m メッシュ）

（b）1979 年時点（1 km メッシュ）

図 5.5　水戸市小売り売上げ額の分布（「都市構造可視化計画」による）〔Google Earth，ZENRIN，Data SIO NOAA U.S. Navy. NGA GEBCO より〕

されるエリアはほとんど水田であり，農地と住宅などの都市的土地利用が峻別されている（農地の中にほとんど住宅等がない）ことが読み取れる。

一方で，**図 5.5**(a) は 2007 年時点での水戸市の小売り売上げ額の分布（500 m メッシュ），図(b) は 1979 年時点での同じく水戸市の小売り売上げ額の分布（1 km メッシュ）である。ちなみに，水戸市では西部の郊外で 2005 年に郊外型大型ショッピングセンターが開業している。この結果，それ以前と以降では市内での小売売り上げ額の分布パターンが大きく変化していることが読み取れる。このように分散化した都市の構造に変化したことは，可視化手法を活用しなければなかなかわからないことであり，構造的な面で各都市がどのような課題をはらんでいるかを知る手がかりになる。

5.6 診断のポイント

さて，診断ができる条件が整ったとしても，実際にどのように判断を下すのかは難しい要素が多々存在する。最終的に頼れる基準として，その都市や地域の持続可能性がどのように担保されようとしているのかが究極の判断ポイントとなろう。換言すると，都市としてその全体的な健康状態を保てるかということである。もちろん，都市や地域によってはその特性に応じたなにか特化した評価ポイントがあってもさしつかえない。ただ，それが都市の全体的な健康を損なうようなことがないよう注意が必要である。ちなみに，現在のわが国でおきている典型的な診断に関する考え方の根本的な誤りについて以下に記載する。

まず，都市としての健康状態は二の次で，本来こだわるべきでない診断項目に固執し，その診断項目の数値を改善するために本来目指すべき都市の健康を損ねてしまっているという点である。6.8 節で詳細な説明を加えるが，公共交通に対する採算性評価がまさにこれに該当する。サービス性能の高い公共交通があれば人はまちに出てきてまちが黒字化し，都市自体の健康保持が実現できるのだが，公共交通は赤字のためという理由でそのサービスをカットしていくという誤った診断が各所でなされている。「木を見て森を見ず」のたいへん残念な診断の典型例といえよう。

また，目の前の診断項目に関するパフォーマンスを上げたいがために，カンフル剤を打ち続けるという愚も各所で見られる。具体的には地域の活性化という名目で，さまざまな都市計画規制の緩和が各所で行われてきた。本来不要な規制はもちろん撤廃すべきである。しかし，全体のバランスの中で外部不経済（お金のやり取りなどなく他人に不利益を与えること。公害や交通渋滞など）が発生しないようにコントロールされている本来必要な計画が，撤廃すべき規制と一緒くたにされるようでは都市の全体的な健康が損なわれるのも当然である。本来必要な都市のコントロールを外していくことは，人間にたとえれば暴飲暴食に相当する。欲望にまかせればそうなってしまうということを認識する必要がある。

5.7 アーバントリアージを問う

診断の結果，健康を損ねてしまった都市，もしくは損ねるのが明らかな都市に対し，われわれはどのように接すればよいのだろうか。まず，それらの都市の救済を考える必要があり，その方法については免疫力や再生力をどう高めるかという観点から次章で詳細な解説を行う。一方で，診断を行った段階で，明らかにどのような手を打っても再生が難しいと判断される事例が見られるのも昨今の実態である。換言すると，「危機に瀕したすべての都市を助けるべきか」ということはじつは隠れた大きな問題で，かつ倫理的にも判断が難しい。「まち」医者は足らず，振り向けられる予算や資源にも限界がある。助けることができる都市に資力を集中すべきではないかという議論は当然あろう。考えようによっては，現在のまちづくりの専門家たちは，野戦病院で仕事をしているように感じることもあるのではないかと思う。医者は少なく，運び込まれる患者は数多く，そして中には致命傷を負ったものも少なくない。

このような中での筆者の個人的な経験であるが，2000 年代初頭に全国の中でも夕張市の健康状態を示す諸指標がきわめて不良で，救済名目で実施されている諸政策がいずれも不調に終わっていることから，予算をさらにつぎ込む形での救済はストップすべきであるという学会発表を行ったことがあった。ただ，その事実だけを述べてもメッセージとしては伝わらない。そこで，災害時などの救急医療の際に治療対象者を選別する「トリアージ」と同様の行為が，現代の都市に対しても必要ではないかという提言（アーバントリアージ）を行うに至った[5)]。トリアージとは**表 5.1** に示すとおり，治療対象者に明確な優先順位を付けるという行為である。なお，別に都市そのものを抹殺しようとするのではなく，夕張市にこれ以上の治療名目で資力を投下するのは避けるべきであるという意味しかない。学会会場ではバブル時代の恩恵を受けていた年配の高い地位にある行政担当者より猛烈な批判を受けたことを記憶している。しかしその後，アーバントリアージ方策を取られなかった夕張市は実際に破綻してしまい，より大きな負債を背負うことになってしまったのは周知のとおりである。

表 5.1　トリアージの考え方[6)]

傷病の緊急度や重症度に応じ，つぎの 4 段階に区別する

優先順位	分　類	識別色	傷病状態および病態
第 1 順位	最優先治療群 （重症群）	赤（Ⅰ）	命を救うため，ただちに処置を必要とするもの。窒息，多量の出血，ショックの危険性のあるものなど。
第 2 順位	待機的治療群 （中等症群）	黄（Ⅱ）	多少治療の時間が遅れても，生命に危険がないもの。基本的にバイタルサインが安定しているもの。
第 3 順位	保有群 （軽症群）	緑（Ⅲ）	上記以外の軽微な傷病で，ほとんど専門医の治療を必要としないもの。
第 4 順位	死亡群	黒（0）	すでに死亡しているものまたは明らかに即死状態で，心肺蘇生を施しても蘇生の可能性のないもの。

この事例からいえることは，「まち」医者は時として患者に対して厳しいことをいわなければならないということである。そして患者がそのことに聴く耳を持てるかどうかである。この点はまったく通常の医者と患者と同じ関係にあるといえる。まちづくりの政策はそれを受ける側の立場から見れば，アメかムチのいずれかである。どちらがよくてどちらが悪いということではなく，それぞれがアクセルとブレーキの役割を担っており，その都市に応じた双方のバランスが重要である。実際に人間の病気を治すときのことを考えると，栄養のある

おいしいものを食べて快適な環境に身を置いたほうがよい場合もあれば，絶食して苦い薬を飲まなければならないときもある。ところが実際のまちづくり政策を見ると，患者に対してムチ型の政策はほとんど見当たらず，患者にアメばかり提供しているというのが実態である。なぜならそのほうが患者が喜ぶからであるが，長期的に見ると患者はそのことによって回復不能になる可能性が高くなる。「まち」医者はそれなりの覚悟を持って患者となる都市に臨まなければならないし，市民は医者が厳しい判断をするときはその内容について客観的に理解できるだけの素養を持つことが期待される。

引用・参考文献

1）東洋経済新報社：都市データパック，各年版
2）谷口守，松中亮治，中道久美子：ありふれたまちかど図鑑 —住宅地から考えるコンパクトなまちづくり—，技報堂出版（2007）
3）谷口守：コンパクトシティとTODをめぐる計画論，特集（街をささえる　街がささえる公共交通），都市計画，Vol.**58**，No.5，pp.5～8（2009）
4）都市構造可視化計画：https://mieruka.city/
5）平田晋一，谷口守，松中亮治：戦略的都市放棄（アーバントリアージ）に関する試論 —減少都市のパターン分析から—，土木計画学研究・講演集，No.33，CD-ROM（2006）
6）有限会社岩本商事：http://ganpon.com/

6 免疫力・再生力の高め方

本章ではどのようにすれば都市自体の持つ免疫力や再生力を高めることができるか，そのヒントを整理する。前半では特にその都市が持っている自然な適応力や身の丈にあった生き方をどう引き出すかを述べる。つぎに，免疫力・再生力を高めるためのさまざまなツールや発想として，循環器官への注力，環境バランスへの配慮，異なる機能との共生，ネットワークの半透膜化，都市進化段階（都市の格）との対応，都市にも性別があること，ソーシャル・キャピタルの醸成といった諸事象を解説する。

6.1 寝たきり都市を防止する

現在，多くの都市はさまざまな面で過当競争にさらされている。例えば，多くの都市で大型ショッピングセンターの導入を指向し，そのための基盤整備を行ってせっかく立地が見られても，周辺都市との競争で早々に撤退されたりするケースも散見される。ほかにも若年人口の流出に危機感を持ち，子育て支援などに助成金を投下するも，同じような政策を取る周辺自治体との競合状態になっているのが現状である。また，民間の活力をどう引き込むかに知恵を絞り，活性化のためのイベントなども少ないスタッフで無理をして継続実施しようとしているケースも後を絶たない。特区の乱発などの強壮剤やカンフル剤の打ちすぎ，イベントのやりすぎで疲労がたまっていると表現できるような自治体も少なくない。その意味で，現在多くの都市は慢性疲労の状況にある。疲労が度を超すと立ち上がってなにかを行うこと自体が難しくなる。このような状況が続くと，問題が発生することが見えていても，余力がなくて自分ではなにも手を打てない「寝たきり都市」になってしまう可能性もある。

まず，このような場合は人間と同じで，無理に働かず，まずしっかりと休みを取ることが必要である。休むということの考え方は都市にとっていろいろあろうが，例えば外部からの補助金獲得などのために奔走せず，「眠り」による回復をめざすことも選択肢として排除すべきではない。自らの力で再生できるようにすることが生き物としてのまちに本来期待されていることである。補助金という生命維持装置をいつまでもはずせない寝たきり都市にはならないようにすることが肝要である。

6.2　都市の適応力を見直す

自分で動いてなんでもやってみる，新しいことにも挑戦してみる，といったことは人間の老化や生活習慣病防止のうえで重要なポイントだが，都市においても同じことがいえる。生き物も都市も特に外部からなにも補助しなくとも本来に備わっている周囲の状況に合わせて自然に変わっていくという内なる力（適応力）を有している。まずそれを引き出すことが基本である。

具体的な例として，同じ県にある中規模都市Aと，小規模都市Bの中心市街地活性化のケースがわかりやすい。どちらも都心の商店街がかなりの部分でシャッター街化している事例である。このうち都市Aは圏域の中心的機能を担っている都市であるが，中心市街地の活力が低下し，商店街の空き店舗が増加していることから，空き店舗再生のためのいくつかの補助金が投下されている。この補助金によって，商店街に何軒かの店舗が「交流店舗」のような名称で再オープンしている。一方，都市Bは小規模であるうえに基幹産業も撤退し，高齢化も進んだ絵に描いたような地方衰退都市である。中心の商店街になにか特別な助成金が出ているという形跡も特にはない。

この両者を比較した場合，都市規模が大きくかつ補助金も出ている都市Aのほうが，小規模都市で補助金もない都市Bよりも都市再生に成功しているかというと，必ずしもそうではない。筆者の個人的体験ではあるが，都市Aの交流店舗は近所の関係者が井戸端会議を行う場になっており，外部者（＝来店者）はきわめて入りづらい雰囲気になっていた。外部者が入りやすいということは店舗が成功するうえで大切な要件であるが，だれのための「交流」かということがこの場合理解されていない。一方，都市Bは多くの店舗がシャッターを降ろす中，一部の店舗はそれなりに活況を呈していた。具体的には，中高年向けの服飾専門店（**図6.1**），日本茶の販売店，仏具店（**図6.2**）など，明らかにその都市で比重を増しているであろう中高年にターゲットを絞り，そこで売れるであろう商品を精査している店舗が元気なのである。周辺環境に合わせて都市

図6.1　高齢者向けの服飾店は元気

図6.2　高齢ならではのニーズの一つ，仏具店

自体が適応しながら形態を順応していった事例といえるだろう。都市 A の場合は考えようによっては，単に補助金が有効に活用されていないということだけではなく，本来なら自然に生じるはずの都市側での適応能力を阻害しているという可能性もある。

6.3　身の丈に合った暮らし方を

都市 B のような適応力は「やりすぎない」政策の中で活かされるといえよう。過剰な活性化政策の中の過当競争を通じて都市は疲れていく。なにか手を入れるにしても「身の丈を考える」ということがとても大切になる。ちなみに，再開発事業として需要に見合わない巨大なビルを建てるのではなく，再開発自体を身の丈に収める取り組みもすでに実施されている（**図 6.3**）。

図 6.3　盛岡市の「身の丈」再開発実施地区
（需要に合わせ，あえて三階建にとどめている）

なお，身の丈を考えるということは，なにも建物のサイズだけで議論することではない。これからの人口減少時代への対応という観点から考えると，時空間の広がりの中で身の丈に合った暮らし方をどう考えるのかということが個人の側から見たポイントとなる。同時にこのことを都市の側から見ると，少なくなっていく需要をどううまく取りまとめて一定以上のボリュームとし，ビジネスとしての成立可能性を少しでも高めるかということになる。

一部の中山間地など，店舗などに対する需要量が一定水準以下で，また居住者も高齢化してあまり外出しないようなところでは，むしろ商業サービスを移動販売に託すという選択肢もあり，実際に導入が進んでいる。これは「だれが空間移動を行うのが最適か」という問題である。これまでは需要側が供給側である店舗をいくつかの中から選択し，そこへ移動するのが一般的な考え方だった。しかし需要量が少なくなったことで，店舗選択の自由度を減らして供給側が需要側の間を移動するほうがその地域に合っているという考え方をしたのである。

また，時空間的な発想に基づけば，上記のような空間的な視点だけではなく，時間的な視点から身の丈に合った暮らし方を考えるという選択肢も存在する。**図 6.4** はスイスとイタリアの国境の峠にある山間集落，シンプロン村の風景である。この村のすぐ下には長年世界最長の座にあったシンプロントンネルが存在することで，その名前をご存じの方も多いと思われる。この村はおよそ 100 世帯 300 人が暮らす山間集落で，その人口は 100 年前からほとんど変化していない。僻地（へきち）ではあるが，いわゆる過疎による人口減少が進んでいる集落ではない。この集落の中心部にはこれだけ少ない人口でありながら，郵便局，食料品店，銀行，レストラン，ホテルなど，基本的な機能がすべてまとまって立地し

図 6.4　シンプロン村の風景

ており，ほとんどの住宅から楽に歩いて利用できる空間構成となっている。

ここで特徴的なのは，これら諸機能の営業時間である。例えば郵便局であるが，日本の郵便局のように 9 時から 5 時までずっとオープンしてフルサービスを行っているわけではない。**図 6.5** にその営業時間案内を示すが，平日は午前 8 時から 8 時半までと午後の 15 時 45 分から 17 時 45 分までと開いている時間が限られている。ちなみに，このオープン時間はシンプロン村にやってくる路線バスの時刻と連動している。路線バスは旅客だけではなく郵便物も積んでおり，郵便物の集配，運搬と郵便局の開局時刻を合わせることで郵便局，路線バスともに効率的な運営を行っている。なお，このような時限的営業を行っている施設は郵便局だけではなく，この周囲に立地している食料品店や銀行も特定時間のみ営業する時限的営業を行っている。

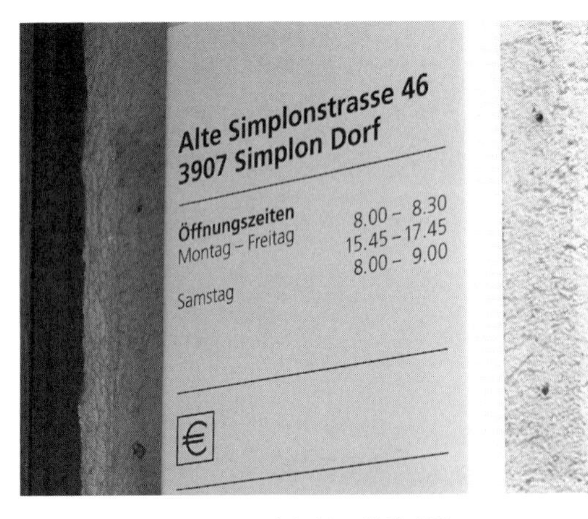

図 6.5　郵便局の営業時間

自分の体力以上のことは行わないという意味で，シンプロン村の事例は参考になるが，ここでは単に時限的営業を行っているということだけではなく，公共輸送において貨客混載を許している点も需要をまとめるという点で大きなポイントである。人と貨物をバラバラに運ぶということはそれぞれに十分な需要量がある場合には適切な方法であるが，それだけの需要量がない場合はいかに縦割り行政の中でサービスをまとめていくかという視点が重要である。そもそも路線バスの発祥は，郵便配達車に人を乗せたことがスタートであるともいわれている。地域の免疫力を高めるうえで，状況に応じて過去の仕組みに戻るという退化的選択肢も必要であろう。なお，このようなシンプロン村は不便だから人が流出するということはなく，先述したとおり100年前と比較してもその人口は減少していない。人口減少が続くわが国の中山間地とはまったく異なる状況である。

ここまで，身の丈に応じて需要をまとめるということが地域の免疫力・再生力を維持向上させるうえでいかに大切で効果的かということを述べたが，スイスの事例からもう一つの需要のまとめ方の例を紹介しておきたい[1)]。

スイスは隣国からの一部の乗り入れ列車を除き，日本の新幹線のような高速鉄道は存在しない。しかし，列車運行の乗り継ぎを工夫することで，高速鉄道と比較しても遜色ない鉄道サービスを広域に展開している。そのために国内の主要駅において，ハブ効果を最大限発揮できるダイヤ設定を行っている。

図 6.6 に示すチューリヒ駅の列車発車時刻の掲示を見ればそのことがよくわ

Fernverkehr

		Nach	Gleis	Hinwe
ICE	17.00	Basel SBB Mannheim Hamburg	18	
IR	17.01	Oerlikon Flughafen ✈	4	Ersat
IC	17.02	Bern Thun Spiez Visp Brig	31	
ICN	17.03	Aarau Olten Genève-Aéroport ✈	16	
IR	17.04	Thalwil Zug Luzern	5	
RE	17.05	Oerlikon Bülach Schaffhausen	11	
IR	17.06	Baden Brugg Aarau Olten Bern	14	
IC	17.07	Flughafen ✈ Winterthur Romanshorn	34	ca. 4
IR	17.08	Lenzburg Aarau Liestal Basel SBB	15	
EC	17.09	Zug Arth-Goldau Bellinzona Milano C.	6	
nach Lugano Sektoren A + B, nach Chiasso – Milano Sektoren C + D				
IR	17.09	Flughafen ✈ Winterthur Wil St. Gallen	9	
IR	17.10	Altstetten Dietikon Baden Basel SBB	31	
RE	17.12	Thalwil Wädenswil Landquart Chur	7	
ICN	17.30	Olten Solothurn Biel/Bienne Lausanne	31	
IC	17.32	Bern Lausanne Genève-Aéroport ✈	32	
IC	17.32	Zug Arth-Goldau Bellinzona Lugano	9	
IC	17.33	Flughafen ✈ Winterthur St. Gallen	34	ca.
Nach Zürich Flughafen: ICN nach St. Gallen, Abfahrt 17.39 Uhr, Gleis 33				

図 6.6　スイス国鉄チューリヒ駅での列車発車予定時刻案内板

かる。この写真を撮影したのは17:00になる少し前であるが，17:00以降，17:10頃まで毎分列車がどこかに向けて発車している。しかしこれが17:12を過ぎると17:30に至るまで発車列車はまったくなくなってしまう。これを駅の風景として見ると，この発車時刻掲示板を撮影した17:00少し前には，ほぼすべてのプラットホームに列車がとまって駅は列車で満杯の状況である。これが17:12を過ぎるとどのプラットホームもからっぽになってしまう。すなわち，チューリヒ駅では毎時0分と30分を基準にし，その直前に各方面からの列車を到着させ，その直後に各方面に向けて列車を発車させているのである。

このような列車の乗り継ぎをダイヤの時間設定を通じて最小化する仕組みをスイスは全国を通じて実施している。例えば首都であるベルン駅での列車は発着のパターンを図式化すると，**図6.7**のようになる。チューリヒ駅と同じように，毎時0分と30分の直前に各方面からの列車を集め，その直後より各方面に列車を発車させる仕組みを取っていることがわかる。スイスの基幹駅ではその多くでこれらチューリヒやベルンと同じようにダイヤ設定に配慮したハブ化を通じ，出発地と目的地の間でスムーズな移動ができるよう配慮がなされてい

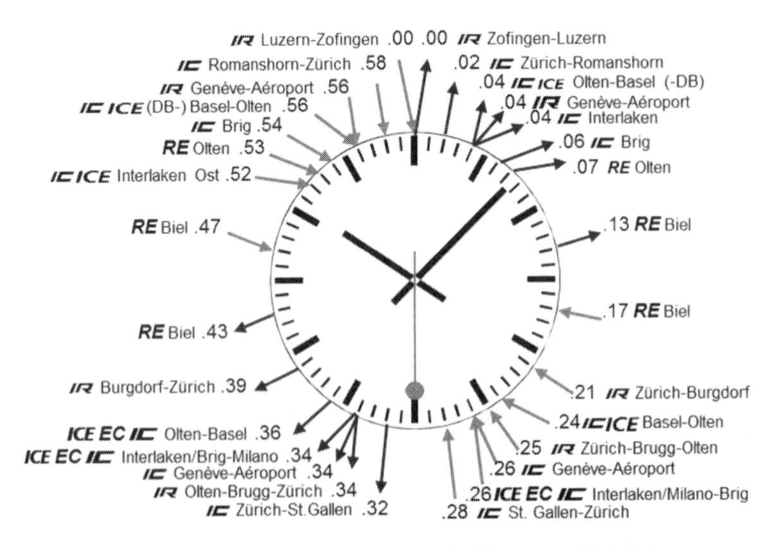

図6.7　ベルン駅での毎時0分，30分を軸としたハブ化乗換えシステム
〔資料提供：Stefan Weigel博士〕

る。ちなみに，国土構造上どの基幹駅も毎時 0 分と 30 分を集散の軸とすることはできず，基幹駅によっては同様の列車集散を 15 分と 45 分を軸に設定しているところもある。

6.4 循環器官が活力を決める

地域における免疫力や再生力を決定づける重要な要素の一つに，循環器官としての交通ネットワークがある。先述したスイスの路線バスや鉄道網なども，需要が少ないなりに地域の需要に十分応えられるようそのシステム設計が工夫されているということができる。過疎地や中山間地ではない一般的な都市の場合は，循環器官の動脈部分には動脈としてふさわしいだけの交通サービスを入れ込んでいくことが，都市の免疫力・再生力を高めていくうえで必須の条件である。

なお，都市における動脈としての循環器官のサービス水準をどの程度にすべきかということは，単純に交通事業の収支だけから決めるべきことではない。なぜならそのサービス水準が一定以下であれば，都市の免疫力・再生力が大幅に落ちてしまうからである。ここでの都市の動脈を 3.3 節で述べたフィンガープランの指（放射状鉄道）に相当するような部分であると考えると，そこでの交通サービスはボタンを押すと瞬時に扉が開くエレベータのようなものであることが期待される（**図 6.8**）。その移動方向が縦か横かというだけで，公共空間での移動ツールという意味では両者は共通である（**図 6.9**）。

ちなみに，ホテルを例にとると，快適な環境のホテルでは複数のエレベータが完備されており，ボタンを押すとすぐにいずれかの扉が開くようになっている。一方で，高層のホテルでもエレベータが一機しかないようなところではエレベータに乗るだけで長い時間待たされることがあり，ホテルの「格」というものは，エレベータの利便性に直接現れてしまう性格のものであることがわかる。これは都市についても同じことがいえ，「格」の高い都市であればなんの抵抗もなく市内を移動できる公共交通が提供されていて然るべきといえよう。

図 6.8　快適なホテル空間＝エレベータの利便性

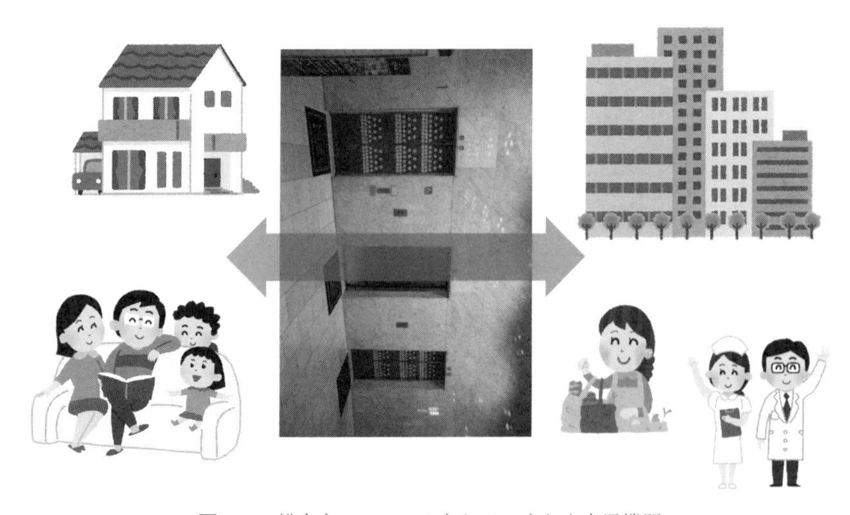

図 6.9　横向きエレベータとしてのまち中交通機関

しかし，わが国では都市の規模にかかわらず，採算悪化を理由として路線バスをはじめとする公共交通の撤退が続いている。これはいい換えれば，「エレベータは単独で採算を見ると赤字なので廃止します，あとは各自で階段をご使用ください」ということと同じ意味である（**図 6.10**）。エレベータはその整備や維持に当然コストがかかっているが，だからといって乗り込む際に料金を徴収されるわけではない。先述したような格の高いホテルではそのコストは当然ホテル側が支払い，それによって格の高さを維持しているともいえる。

横向きのエレベータである公共交通が一定以上の循環器官としてのサービス水準を満たせば，生き物としての都市はその活力を維持・向上することが可能になる。エレベータ単独で黒字か赤字かを議論することがまったく無意味であることと同様に，公共交通機関のみで黒字か赤字かを議論することは無意味である。ホテルがエレベータの黒字化ではなく，ホテル自体の黒字化を目指しているのと同様に，都市も都市自体が黒字化することが目標であることを忘れてはならない。したがって，政令指定都市やコンベンションシティなど，対外的に格の高い都市を目指しているのなら，なおさら公共交通機関への投資をおろそかにしてはならないということは上記より自明の理であろう。

図 6.10　公共交通廃止によって生じていることの実態（＝各自で階段を利用して下さいということと同じ）

ちなみに，**図 6.11** のように都心でも大きな荷物の買い物が心地よくできるような賑わいのある都市において，その循環器官として公共交通が備えるべき要件は下記の 3 点に集約できる。

① 高い頻度

② 十分なネットワーク

③ 廉価なサービス

このうち，① の高い頻度については，格の高いホテルと同様，待たずに乗れ

図 6.11　都心でも心地よく買い物ができる条件は？

るということが理想である。また，② の十分なネットワークについては，都心だけでなく，自分の家の近所にもターミナルがあることが重要である。そのためには密度の高い広範なネットワークが求められる。この意味で赤字だからといって路線を削減し，ネットワークを貧弱化していくことは循環器官全体の弱体化を意味し，生き物としての活力は当然低下する。わが国における多くの都市では一部ネットワークからの撤退により，さらに全体としての乗降客数の減少を招き，さらなるネットワークの撤退を招くという悪循環が生じている。③ については，生命体としての都市を活性化（＝黒字化）することを考えるのであれば，利用料金を下げる工夫を通じてまち中にもっと人が出かけやすくすることは基本事項である。もちろん経営の効率化は必要であるが，公共交通単独での黒字化を求めるのは，先述したようにエレベータ利用に料金を課すことと同じ意味を持っている。

6.5　バランスを考える

人口が減少しているといっても，われわれが日常的な暮らしを行ううえで地球環境などに及ぼしている影響は減少しているとはいえない。いずれの生き物もその生き物を取り巻く環境に支えられて命をつないでおり，われわれもその点においてはまったく同じである。特定の生き物の周辺環境に対する影響が大きくなり，それが一線を越えてしまうとその生き物は快適なコロニーを維持できなくなる。例えば，特定の条件が重なると地域によってはイナゴの大量発生が生じ，そのエリアに存在する食物だけでは支えきれなくなり，自然界のバランスが崩れて，イナゴの大移動とそれに伴う蝗害（こうがい）が発生することになる。

地球全体の緑地の減少，大気中の CO_2 濃度の経年的上昇などの動向を見ると，われわれは地球環境に対しては大量発生しているイナゴのような存在であることを認識する必要がある。一朝一夕にこの流れを変えることは容易ではないが，少なくとも各都市や地域において，われわれがどの程度環境のバランスを崩しているかは理解しておくことが望ましい。このような環境バランスの計測方法として，環境負荷量と環境需要量をそれぞれ面積の単位に落とし込んで比較を行う方法がわかりやすいといえる。具体的には**図 6.12** に示すように，環境負荷量に関してはエコロジカル・フットプリント（EF：ecological footprint）指標を用いることによってわれわれが環境に及ぼしている影響を面積換算する方法が知られている[2)]。環境負荷量 EF と環境受容量（bio capacity）BC の比 r を取ることで，地域でのわれわれの暮らしがどれだけ受容量を超えているかを知

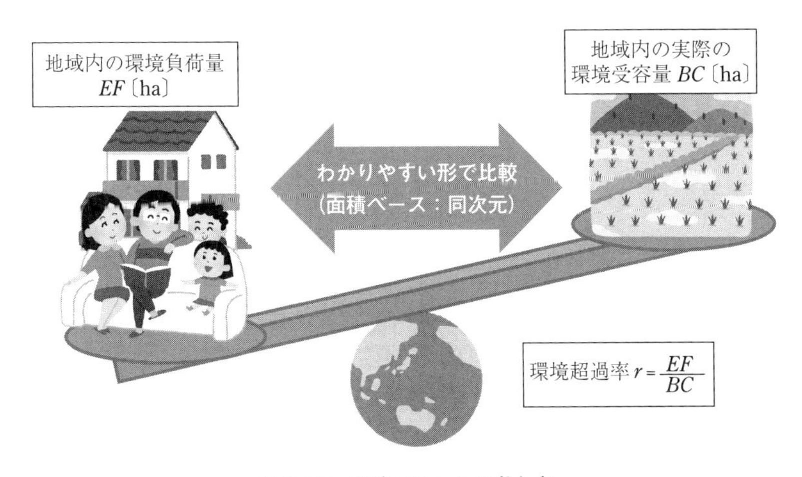

図 6.12　環境バランスの考え方

ることができる。もちろん環境バランスは地球全体で図られればよいものではあるが，それを一定の地域ごとに達成を目指すような試みがあれば，地球全体でのバランス改善も一層進むことが期待される。

近年ではより広範な観点から持続可能な暮らしを考える持続可能性指標群（SDGs：Sustainable Development Goals）が**図 6.13** のように提案されている。このような形で生き物としての人間が暮らす環境のバランスが広く考慮されるようになったことは喜ばしいことである。その一方で，さまざまな主体によって提示される環境に配慮した計画は，実際のところ，環境配慮を謳（うた）いながらも，むしろ一層の開発行為などを正当化するために使われていることも少なくない。また，必ずしもそれらが意図的になされているということではなく，結果的にそうなっているものも少なくない。例えば，持続可能なコンパクトなまちづくりを目指すうえで，立地適正化計画を通じて拠点に機能を集約するという近年の都市計画の流れがある。その中で集約拠点を各所に数多く想定した結果，集約化計画ではなく，むしろ分散化を促進するような計画内容になっているケースも散見される。今まで環境配慮など念頭にまったくなかった市町村が，いきなり SDGs を掲げた背伸びしたまちづくりを行うのも心配である。持続可能性指標は長期にわたって観察を続けてこそのものであり，飛びついてブームがされ

図 6.13　SDGs のロゴ

ばやめるというようでは，まったく意味をなさないことをよく理解する必要がある[3)]。

6.6　共生関係を構築する

同じ空間に存在する異質なものがおたがいに相手を利用するようになることで，双方にメリットが生じることがある。昆虫が花に蜜を吸いにやってきて，その機会に植物の生殖を助けるといった共生関係はその典型といえる。まちづくりにおいても，当初より想定された単なる日常的な生活機能以外の異なる要素が，結果的にまちの免疫力・再生力を高めることがある。

例えば，制度として都市的な土地利用が前提となる市街化区域の中で，農業生産を継続するために残された農地（生産緑地：**図 6.14**）は周囲の都市機能にとっては異質な存在である。これらの都市内緑地は高度成長期においては早晩市街地として開発されることが想定されていた。しかし，生産緑地として農地機能が維持されている間に時代が推移し，人口減少・高齢化社会が進展し始めたことでその様相が逆転している。具体的には，都市内居住者に貸し農園などの利用希望が高まり，市街化区域内農地と都市居住者の共生関係が成立しつつある。このような相互関係の存在は，かつてはまったく計画されていなかっ

図 6.14　市街化区域内農地　東京都内

たことである。地域によっては，ドイツで始まったクラインガルテンのように，まとまって貸し農園として整備を行うところも散見される（**図 6.15**）。

図 6.15　岡山市牧山の貸し農園（クラインガルテン）

また，近年では芸術活動を都市とコラボさせるなど（**図 6.16**），過去にはそれほど都市活動と直接関係がないと思われていた諸機能と都市との共生が試みられ，各地で成功を収めている。都市は本来性格の異なるものが交流する場であることを考えると，今後も新しい機能を都市に積極的に取り込んでいくことによって，その免疫力・再生力を高めていくことが期待される。

図 6.16　アートでまちづくり（茨城県桜川市）

6.7　半透膜を取り入れる

地方活性化のために地方と大都市を結ぶ交通網整備を行っても，むしろ活力が大都市側に吸い取られてしまうことがある。このような現象を「ストロー効果」と呼んでいる。ちなみに，わが国が高速交通体系を整えてきたのと軌を一にして東京一極集中が進んだことは，おもにこのストロー効果によるものといえる。地方の免疫力・再生力を高めていくためには，このようなストロー効果をどう防止するかを考えておかねばならない。その一つのポイントとしては，大都市部にはない異なる機能を有しているのであれば，その機能についてはストロー効果が生じようがないといえる。一般的な機能について地方の立場からストロー効果を防止するには，交通ネットワークをなんらかの形で「半透膜化」させることが一つの要件となる。

半透膜とは一方からのものは通すが，もう一方からのものは通さないという性格を持つものである（**図 6.17**）。もともと化学において使用される用語であり，その定義は「一定の大きさ以下の分子またはイオンのみを透過させる膜」というものである。生き物の体を構成する細胞の膜はこの半透性を備えており，各細胞の機能を適切に保つことができている。ただ，実際の道路で半透膜を設

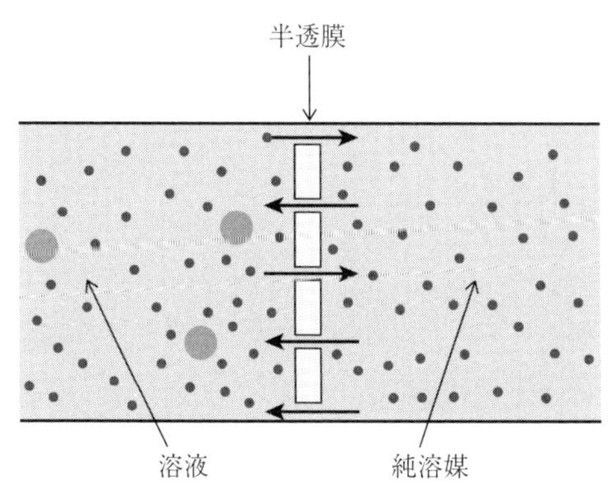

図 6.17　半透膜の概念図

置することは非現実的だが，例えば，「タバコは町内で買いましょう」といった買い物機能の流出を阻止しようとする立て札がまちの境界に立っていたケースは，ネットワークの半透膜化政策の一種であるといえる。

現在，地方での生活基盤確立のために「小さな拠点」を整備することの重要性が説かれている[4]。地方部の交通行動が遠方の大型ショッピングセンターに流れ出している実情[5]を考えると，「小さな拠点」を存立させるためには，ネットワークの半透膜化の議論を真剣に行う必要がある。実空間におけるネットワークでの半透膜機能の導入は容易ではないが，都市活動上の諸機能がネットを通じたサイバー空間上に置き換わっている昨今の状況を鑑みると，将来的には半透膜化政策がネット空間上で現実化する可能性は否定できない。ネット上でのアクセスについては，どこにアクセスさせるかというコントロールが実空間より容易であり，地方からの検索については地方の情報をまず提供するエリアフランチャイズなどの取り組みがアイディアとしてはあり得る。

なお，周囲との交流を能動的にコントロールするという意味では，江戸時代に行われた鎖国政策も一つのヒントになりうる。当時は鎖国といっても完全に国を閉ざしていたわけではなく，交流先を選択したうえで特定のものだけを取り入れており，半透膜を高度化した事例といえる。当時の国土全体（＝生命体全体）の機能を適切に保持するうえで採用された政策であると解釈できる。交流を行うこと自体は，もちろん地域を活性化するうえでの基本的な要件ではあるが，その交流の内容や方向性も含め，交流を適切にコントロールするという意味で，半透膜のようなバリア化を選択肢の一つとして時として考慮することも必要である[6]。

6.8 まちの「格」に立ち返る

生き物の進化を振り替えると，進化に伴ってその体は複雑化し，一定以上の高等動物には背骨が見られるようになる（脊椎動物）（**図 6.18**）。この点は都市も同じで，その成長を通じてさまざまな活動の集積が進むと，その構造自体を

図 **6.18**　脊椎動物への進化

図 **6.19**　軸としての背骨

階層的に体系化する必要が生じる。特に一定以上の進化が進んだ都市では，生物の脊椎動物に相当するような，その都市軸（背骨）が存在することが期待される（**図 6.19**）。**図 6.20** には熊本市の路面電車，**図 6.21** には仙台市の地下鉄のネットワークをそれぞれ例示するが，政令指定都市なら背骨はさしずめこれら地下鉄などの鉄軌道がそれに相当するといえる。

政令指定都市などの高い「格」を提示しようとする都市に対しては，高等生物としての機能や形態を保持している（＝背骨としての都市軸が存在する）こ

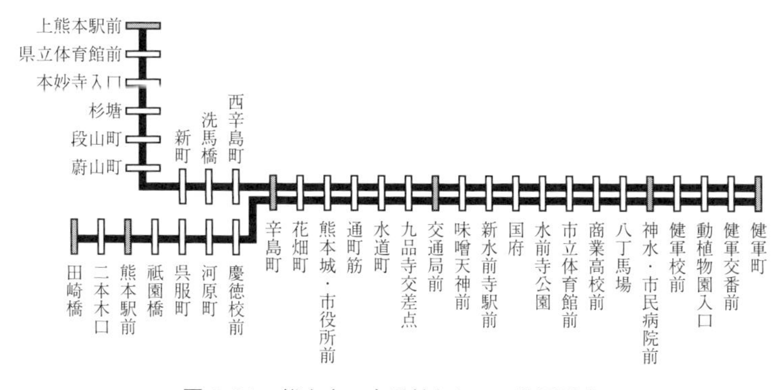

図 **6.20**　熊本市の交通軸としての路面電車

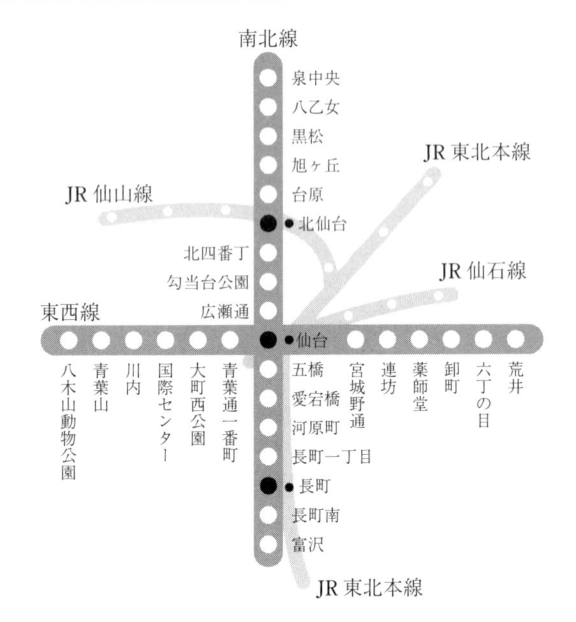

図 6.21 仙台市の交通軸としての地下鉄

とが当然のこととして期待される。これは，6.4 節で述べたように，「格」の高いホテルはエレベータが複数設置され，中心となる移動軸が揺らぎないものであり，待ち時間などのストレスなくどこの階へでも移動できるということと同様である。このような，目指そうとするまちの「格」に立ち返り，それを実際に実現するということは，その都市に居住する者のシビックプライド（都市に対する誇りや愛着）を涵養（かんよう）することにもつながる。シビックプライドが向上するということは，その都市の免疫力・再生力が向上したということとまったく同義であると考えてさしつかえない。

図 6.22 は米国デンバー市の都市軸である 16 番街の景観である。デンバーは都市圏でおよそ 300 万人の人口を抱え，かつては自動車依存型都市の代表事例の一つであった。近年ではこの写真に示すように都心部は公共交通と歩行者だけの空間（トランジットモール）として明確な都市軸（背骨）を整備したことで，中心市街地に賑わいが戻ってきている。

図 6.22　背骨部分は歩行者と公共交通だけに（デンバー）

6.9　まちにも「性」がある

生き物に男女の性別があるように，都市にも性別があるという考え方が，1980 年代に故 佐佐木綱京都大学名誉教授によって提唱されている[7)]。実際の意識調査による計測をもとに，例えば関西圏の都市であれば，大阪市が男性性を示すのに対し，神戸市は弱い女性性，京都市は強い女性性，奈良市は弱い女性性をそれぞれ有していることが明らかにされている（**図 6.23**）。

佐佐木教授の当時の解釈によれば，大阪市は関西圏におけるご主人であり，その意味でしっかり稼がなければならない。女性性の弱い神戸市は大阪の正妻であり，それに対して女性性の強い京都市は，現代ではすでに死語かもしれないが，お妾さんである。一方で，奈良市はおばあさんに相当するということである。ちなみに，滋賀県の県庁所在地は大津市（妾の子供）であり，そのことが滋賀県の発展を妨げているという持論もお持ちであった。実質，大津市は京都市に直接隣接する京都市のベットタウンである（**図 6.24**）。明治維新の際に近江の国の位置的にも政治的にも中心であった彦根市（親藩である井伊家の所領）が県庁所在地から外されたことが滋賀県の発展上の一つの課題であるということを別の視点から指摘するものである。一笑に付すことも可能ではあろう

京都市♀

神戸市♀

大阪市♂

奈良市♀

図 6.23　関西圏における諸都市の性別〔文献 8）を参考に谷口が作成〕

図 6.24　大津市の位置図

が，時代を経ても不思議なことに関西における諸都市の特徴を理解している者にとってはいずれも一定の説得力を感じる内容である。

また，女性性の強い京都市といえども，女性性が強いのは古都としての風情が残る五条通よりも北の地域で，五条通りより南は工業用途などが支配的になるため男性性が強くなるということであった。同じ都市の中でも男性性の強いエリアと女性性の強いエリアがあり，その両者が適切なバランスを保っていることが一つの望ましい地域像であるという主張をされていた。一般に公園・緑地などは女性性が強い用途と認識され，この逆にオフィスや工場などは男性性の強い用途と認識されるため，この性的バランス論で一つの都市の中で生産に供するエリアと余暇や休養に供するエリアが適度にバランスしていることが都市としての免疫力・再生力を高めるものと説かれていると解釈することも可能である。

6.10 白血球はあなた自身

以上のように都市の免疫力・再生力を高めていくためにはさまざまな方策が考えられるが，これらにも増して大切で有効なのは，その都市の居住者一人ひとりがその都市に愛着を持っていることである。それは生き物にたとえれば，一人ひとりが血液中の白血球の機能を持つということである。具体的には，その都市でなにか課題が生じた際，それをわがこととして対応できる居住者がどれだけいるかということである。これは，個人が地域社会とどれだけの関係性を有しているかを表現する，社会的関係資本（ソーシャル・キャピタル）という概念ともその方向性を一にしている。

居住者のソーシャル・キャピタルが高い都市，また自らのまちを誇りに思うというシビックプライドを感じている者の多い都市は，もしなにか都市が傷ついてしまうことがあっても，そうでない都市よりも容易に治癒することが期待される。筆者が今までまちづくりをお手伝いさせていただく過程の中で特に高いソーシャル・キャピタルの存在を感じたのは，都心部の美観地区を誇りに感じている倉敷市民，都市の歴史的風土を誇りに感じている松江市民などである。その一つの裏付けとして，これらの都市で実施したまちづくりに関するアンケート調査では，平均的な有効回答率をはるかに超える回答が得られている。

引用・参考文献

1） 大内雅博：時刻表に見るスイスの鉄道 ― こんなに違う日本とスイス―，交通新聞社新書（2009）
2） Mathis Wackernagel and William E.Rees: Our Ecological Footprint, New Society Publishers (1998)
3） 伊勢晋太郎，谷口守：持続可能性指標の継続実態に関する研究，環境システム研究論文集，Vol.**40**，pp.II_403 ～ II_410（2012）
4） 国土交通省：「小さな拠点」づくりガイドブック（2015）
http://www.mlit.go.jp/kokudoseisaku/kokudoseisaku_tk3_guidebook.html（最終閲覧 2018 年 3 月）
5） 山根優生，森本瑛士，谷口守：「小さな拠点」が有する多義性と「コンパクト＋ネットワーク」政策がもたらすパラドクス，土木学会論文集 D3，Vol.**73**，No.5，pp.I_389 ～ I_398（2017）
6） 谷口守：バリア構築論 ―「進化的に安定な地域システム」（ESR）を考える―，土木計画学研究・講演集，No.38（2008）
7） 佐佐木綱：女らしさ・男らしさ ― 計画の視点より―，淡交社（1989）

7 そして，都市の未来を考える

本章ではおもに生き物の進化の観点から今後の都市のあり方について言及する。都市が外に向かって拡大を続けた結果，むしろ中心部が新たなフロンティアとなり得ること，一方で小さな都市でも手順を踏むことで次元の異なるサービスが提供できるようになる事例を提示する。また，現在の都市問題の抜本解決には都市の財政構造自体のメタモルフォーゼ（蛹化（ようか）などの変態）が求められており，地域システム自体を進化論的に安定な形に組み替えていく必要性を論じている。

7.1 フロンティアはどこにある？

森の中で空を見れば，**図 7.1** のような光景が広がっている。静かな森の中でも，隣接する樹木はそれぞれ少しでも日光をその葉に浴びようと，空いている場所（フロンティア）の取り合いをしていることが読み取れる。国土空間においても，このようなフロンティアを目指して常に新たな居住地が現在まで開発されてきた。例えば，北海道に新十津川町というまちがある。じつは明治時代に奈良県の十津川村が大洪水被害にあった際，被災した住民が集団で移住したところである。明治時代以降，わが国ではおもに北海道がフロンティアとして新たな住民を受け入れてきた。大正時代に発生した関東大震災後の際も，多くの移民が北海道に移り住んでいる。ただ，その北海道もすでに人口 530 万人を超え，現在ではフロンティアとしての機能をすでに実質的に失っている。満州や南米など，その時代に応じて海外にフロンティアを求めて移住した人々も昔はいたが，それはもう過去の話である。

では，われわれが知りうる実際の空間の中で，人生をリセットできるような

図 7.1　木々が取り合う空間のフロンティア

フロンティアとなりうるような空いた場所はもうどこにも存在しないのであろうか。この問いに対し，筆者はむしろ市街化された既存都市空間の中で過去にはなかったフロンティアが発生していると感じている。具体的には空き家や空きオフィスが近年都市の中心部で増加するとともに，リニューアルが必要な都市空間も増えている。中心市街地はその周囲も含め，社会基盤などの整備が蓄積されてきたエリアである。不動産が流通する水準にまで地価が下がれば，新しい活動が流入してくる可能性は非常に高い。このように考えるとこれからの人口減少時代において，中心市街地はきわめて競争条件のよいフロンティアに変貌する可能性が高い。例えば，**図 7.2** は東日本大震災後に復活したいわき市における中心市街地の「夜明け市場」のケースである。震災前はシャッター街

図 7.2　いわき市　リノベーションの例

化していた通りを震災を機に新たな飲食店街として再スタートを切っている[1)]。都市の未来を考えるうえで，郊外の農地や林地をつぶすことは，これからは極力避けなければならない。その一方で，都市内に散在する空き地や空き家を適切に活用していくことも資源保全の観点からとても大切なことである。

7.2　進化へのチャレンジ

第6章では背伸びしすぎない，身の丈の発想が大切であることを述べた。しかし，都市の未来を考えるうえで，手順を踏みながら進化を目指すことももちろん大切なことである。その際に忘れてはならないのは，先述した「まちを黒字にする」という考え方である。そのためには都市空間を中長期的にマネジメントしようとする姿勢が大切になる。またそのことを特定の専門家だけの取り組みにするのではなく，広く市民全体に理解が及ぶことが重要である。

ここでは地方の小さな都市でありながら，実験的な手順を計画的に踏んで都市の改造に成功したフランスのブレスト市を参考例として取り上げる。ブレスト市はフランスのブルターニュ地方，ブルターニュ半島の先端にある軍港から発達した港町である。人口はたったの14万人しかないが，市では居住者の交通利便性を高めるため，LRTを導入することを考えた。第6章で示したいわゆる都市の背骨として地域を支えるインフラとなることを期待したのである。ただ，そのような基幹的は公共交通機関をこれだけの小規模都市が維持できるのか，合わせて市民の賛同が本当に得られるのかという課題があった。このような課題に対し，ブレスト市では一つひとつの課題を下記のような手順で市民合意を得ながら解決していく手段を取った。

1. 2001年：将来に発生する交通問題を未然に防ぐため，交通網再編計画を策定。最初にBRTを導入し，その結果を見ながら2012年にはLRTを導入するという目標を立てる。
2. 2001年～05年：LRT導入の影響，効果に関する検討を実施するとともに関係者間での調整を進める。

③ 2006年：LRT運営主体であるSemtramを組織化する。

④ 2007年～09年：設計協議および公聴会を実施し，2008年に車両デザインなどを決定する。

⑤ 2009年～11年：建設期間

⑥ 2012年：試運転を開始し，当初の目標を達成。

以上のように一つずつ事前に計画した段階を踏むことで予定どおりの交通サービス提供にこぎつけている。また，それと同時に，初期の段階で**図7.3**に示すような都市構造計画も合わせて提示している。一路線だけではあるが，LRTを背骨とした交通軸上に都市機能を計画的に配置することで，生命体としての機能を最大限発揮できるような配慮がなされているといえる。なお，LRT車体の購入にあたっては，他都市との共同購入によってその価格を抑える工夫もなされている。また，多くのターミナルではアート作品が設置され，LRTを軸としたまちの新たなイメージづくりにも成功している。ブレスト市の例を見ている

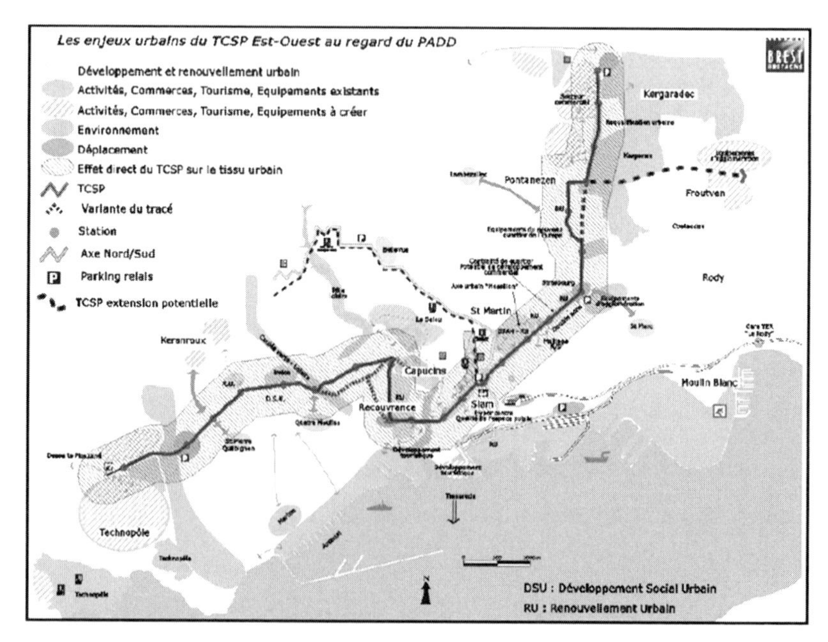

図7.3　ブレスト市の事例〔ブレスト市マスタープランより〕

と，小さい都市だからその進化が難しいということではなく，むしろ小さい都市であるからこそ，新しいことでも合意形成を踏まえたうえで成し遂げられた要素もあるといえる。

7.3　メタモルフォーゼ（蛹化(ようか)）が実現できるか

ブレスト市のように都市の改革・進化がどこの都市でもいつもスムーズに進むとは限らない。さまざまな原因で都市の改革や進化が阻まれているのが実態である。それは組織の縦割りの問題であったり，過剰な個人情報保護を理由としていたり，安全上の理由を言い訳にしていたり，その理由は多岐に渡っている。わが国では課題解決のためにいくばくかの予算が付き，なんらかの社会実験などが実施されるケースも少なくない。しかし，残念ながら多くの場合において，その結果インパクトのある変化は生じていない。また，なんらかの変化が生じるにしてもきわめて長い時間がかかってしまっている。

特に大きな課題となっていることは，人口減少型の社会に対応したまちづくりが今までの成長時代の仕組みでは十分に進まないことである。人口減少型社会に対応したまちづくり方策が存在しないわけではない。減築や公共交通軸の構築など，コンパクトなまちづくりのためのメニューは数多く存在する。ただ，それらを実行するための予算が残念ながら効果的にリンクしていない状況にある。まちづくりのための予算の付き方は，道路，下水道，福祉など個別の単体事業にお金を出すスタイルがまったく変わっていない。これは社会基盤が足らないときに拡張しながらそれぞれのモノをつくっていくための予算配分の考え方である。モノが足りないときにはそのような進め方でよいが，縮小するときはこのような単体事業の予算組みでは十分に機能しない。効率的に縮小すること自体を目的とした予算組みに全体を変える必要がある。

換言すると，バラバラのものづくりや福祉予算を「都市を効率的にコンパクト化するための予算」に一本化することが求められていると考える。それは青虫が蝶(ちょう)になるために，その形を大きく変える蛹化(ようか)のプロセス（＝メタモルフォーゼ：変態）にも似ている（**図 7.4**）。青虫から蛹（さなぎ）に形態が変わった際，蛹の中はドロドロの液体で満たされている。今までの形態と決別し，すべてを一度溶かすことを通じて環境に応じた最適な新たな形態を生みだすのである。前年踏襲型で思考停止した予算配分を続けている限り，青虫はいつまでたっても蝶になれない。成長型から縮退型まちづくりへの効果的な対応は，今のままだと不可能なのである。

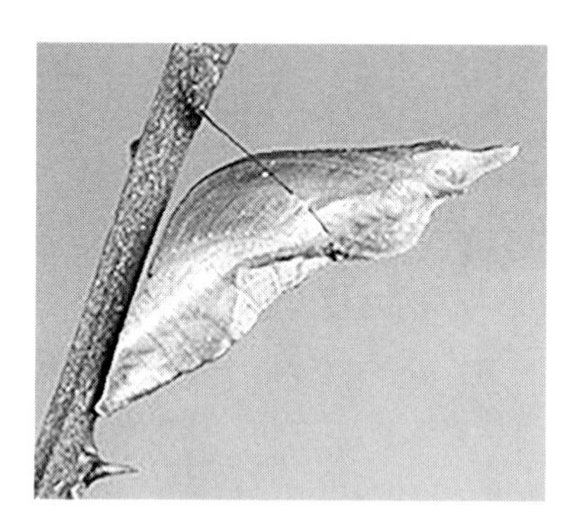

図 7.4　蝶の蛹

人口減少や予算の問題のみならず，今後さまざまな技術革新が進むことを考えると，都市自体が短い間にメタモルフォーゼを求められることも想定する必要がある。例えば自動車の自動運転技術の導入など，都市の交通体系やインフラストラクチャーを，その制度設計も含めて短期間で入れ替えるニーズが生じる可能性も高い。そのためにはやはり計画的な事前準備が必要となり，変革のためのしっかりとした意思決定とそれを支える社会が求められる。

7.4　進化的に安定な都市を考える

タカとハトを直接対決させれば，明らかにタカのほうが強い。しかし，ハトは追い払ってもどこにでもしぶとく繁殖しているのに対し，タカは保護対象となることも多く，ハトより絶滅する可能性は高そうである。このようなことを，ハトはタカよりも「進化的に安定している」という。この概念はメイナード・

スミス（J. Maynard Smith）により「進化的に安定な戦略：evolutionarily stable strategy, ESS」という名称で提唱されている[2)]。

このような関係性は，都市や地域の間にもそのまま当てはめることができる。現在，どのような都市が強く，また称賛されるかといえば「経済的に強い都市（＝稼ぐ都市）」といえる。そのような「経済的に強い都市」は，生産力がそれほど高くないと考えられる「のんびりした田舎町」との一対一勝負では強いことは間違いない。なお，田舎町まで規模を下げなくとも，地方都市レベルでも東京への機能流出が続いており，直接対決ではまったく勝負にならない状況である。そのような経済的に強い都市は都市の中でも最先端のさまざまな機能を備え，都市の中でも最も進化の進んだ都市といえる（**図 7.5**）。

図 7.5　進化の進んだ最先端都市（シンガポール），マリーナベイ地区

図 7.6　巨大化の進化の果てに絶滅した恐竜

このような経済的に強い都市がさらに進化を遂げ，さらに強くなっていくことは，都市や地域全体のシステムにとって，はたして「進化的に安定」な方向にあるのだろうか。特にそれが国土全体では人口減少が生じるような状況の中では地方の疲弊が進み，その上に成り立つ東京の繁栄にも限界が訪れる可能性が高い。機能集積することの不経済をさらに機能集積することで解決しようとしているならば，それは体を巨大化することで進化を重ねた恐竜の姿ともどこか重なって見える（**図 7.6**）。

これからの環境や社会の変化に応じ，どのような都市や地域のシステムが進化的に安定しているのか，一度問い直してみる必要がある。都市の進化とはまったく無縁であると思われるようなのんびりした田舎町（**図 7.7**）は，恐竜が絶滅する陰で生き残った小さな哺乳類（**図 7.8**）にも似た役割を担うことになるのかもしれない。クジラが陸上生活から海に戻っていった際，陸上生活では分化していた五本の指はヒレに退化した。その痕跡はヒレの中に残った指の骨格から判読できることはよく知られている。われわれはこのような変化を退化と呼ぶが，じつは退化も周辺環境を反映した進化の一つの形態にすぎない[3)]。その意味で都市や地域も社会環境の変化に合わせて進化的に安定するために，どう退化の道を探るのか，その戦略を考えるべき時期にあるといえる。換言すると，われわれは都市のティラノサウルス化のみを推奨していないか，反省する必要がある。メイナード・スミスの言葉を少し借りてそれを地域に落とし込むならば，「進化的に安定な地域：evolutionarily stable region，ESR」の模索を始める必要があるといえる[4)]。

図 7.7　都市の進化とは一見無縁な農村地域

図 7.8　個々の力は弱くとも進化的に安定であった哺乳類

7.5　ネオテニー（幼形成熟）が示すこと ―あなたのまちからつぎの進化が？―

進化という意味では，生き物が進化を重ねてきたように（図 6.18 参照），都市も進化を重ねてきたといえる（**図 7.9**）。サルがヒトに進化するように，農村集落が中心都市へと進化してきた。なお，サルは毛むくじゃらであるが，サル

図 7.9　まち・地域・都市の進化

から進化したといわれるヒトは毛むくじゃらではない（**図 7.10** ①）。もし本当にヒトがサルから進化したのであれば，3.1 節で述べたアポトーシスの考え方のようにヒトは胎児である最終段階で一度毛むくじゃらになり，それがアポトーシスで消失したうえで生まれ出ていることになる（図 7.10 ②）。しかし，実際には幼いときにそのような一度毛むくじゃらになるプロセスは存在しない。これは人間が大人の毛むくじゃらのサルから進化したのではなく，毛の十分に生えていない幼いサルの段階で進化のプロセスに入ったためと考えられる（図 7.10 ③）。なお，子どもである期間が長く，幼い時期の特徴を残したまま性成熟することをネオテニー（幼形成熟）という[5)]。すなわち，サルから人への進化の過

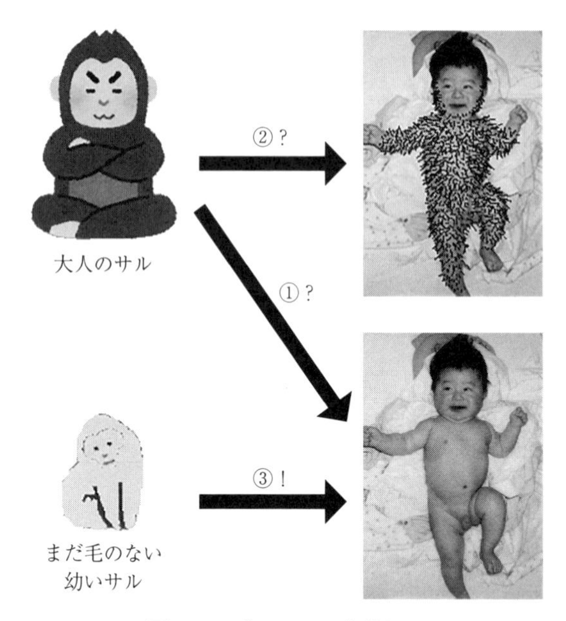

図 7.10　ネオテニーを考える

程でネオテニーが発生したと考えられる。完全に成長し，形態として完成した大人の個体からは，それは形としては完成してしまっているため，つぎの進化は起こりにくいということは確かに納得できる。

図 7.11　地方部のほうが進化の可能性が高い？

このような進化に関わる知見を都市の問題に置き換えると，つぎの時代に出現する新たに進化した都市は，現在大人として成長しきった大都市の高層ビル街から進化が進むのではどうやらなさそうだ。現状としてはまだ「幼い」段階にしかなく，経済的な競争力も高いとはいえない地方部の都市や農村のほうが，さまざまな突然変異を受け入れる余地が相対的に広いという意味で，ネオテニーという観点からつぎの進化に進める可能性がより高いと思われる[6)]（**図 7.11**）。それは，きっとあなたが何気なく住んでいる今のまちなのかもしれない。

引用・参考文献

1）　レトロなスナック街をリノベーション！（2013）
https://greenz.jp/2013/10/11/iwaki_yoakeichiba/（最終閲覧 2018 年 3 月）
2）　J. Maynard Smith: Evolution and the Theory of Games, Cambridge University Press (1982)
3）　犬塚則久：「退化」の進化学 ―ヒトにのこる進化の足跡―，講談社（2006）
4）　谷口守：バリア構築論 ―「進化的に安定な地域システム」（ESR）を考える―，土木計画学研究・講演集，No.38（2008）
5）　谷口守：進化論的「新都市」考，新都市，Vol.**66**，No.1，pp.5 ～ 6（2012）
6）　谷口守・森英高：都市の退化性能を巡る試論 ―アポトーシス（細胞自死）からネオテニー（幼形成熟）まで―，都市計画報告集，No.15，pp.75 ～ 80（2016）

あとがき

私的な話になるが，都市計画の専門家だと思っている自分が，このようなバイオミメティクスに関する著書を執筆する機会に恵まれるとは正直なところまったく予期していなかった。「まえがき」で書いたとおり，バイオミメティクス自体は工学分野ではすでに広く知られた魅力ある着想であり，都市計画につながる分野であれば都市デザインや建築材料に関わる領域において，作品や製品を通じた優れた取り組みはすでにいくつか散見される。しかし，いわゆるまち全体をどう形づくっていくかというスケールの大きな課題に対し，他分野のような製品を介したバイオミメティクスとのつながりが今までなにかあったわけではない。ただ，各章に記載したとおり，生き物との関連で都市が学べることはきわめて多岐にわたっている。また，少なくとも筆者の知る範囲では，まだこのような着想の下で都市に向き合っている研究者もいない。その意味では本書の執筆はまさに新雪の世界に初めて足を踏み入れる感覚で，常にフロンティアを切り拓いているという高揚感があった。

なお，ずっと数学一筋とか，バイオリン一筋とか，小さい頃から一つのことに打ち込んでいないとひとかどの専門家にはなれないという刷り込みが社会にはあり，その意味では自分はなんとなく引け目も感じていた。振り返ってみれば中学まではボーイスカウトでキャンプ三昧，高校では生物部でプラナリアを刻み，大学では地理のサークルで地域調査，卒業論文では土地利用・交通の予測モデル，趣味として石ころを集めてみたり，写真に凝ってみたりで，とても一つのことに打ち込んだとはいえない。自分の中ではなにか一つの軸があるようなのだが，手に取ってきたことは一見発散しているようで，その軸がなんなのかが自分でもよくわからなかった。しかし，今回の執筆で改めて自省できる機会をいただき，有難いことにその軸がようやくなんであるかがわかってきた。それはすでに学問分類上はなきに等しい「博物学：natural history」ではないかということである。

Natural history という用語を聞くと，natural という語感から自然観察のみがその対象のようにも思われる。しかし，じつはここでいう自然とは人の営みまでを含むのが本来の定義なのだそうだ。そのような広角レンズを通して改めて考えると，むしろ都市計画学と生物学を分けて扱っていること自体がそもそも奇異に思えてくるから不思議である。最近はどの専門分野でもその内部でのさらなる細分化が著しい。例えば，都市計画研究の中でも歴史をメインに扱う研究者と数値解析をメインに扱う研究者はそれぞれに特化が進み，その分野間で意見を交わす機会も乏しくなっている。時間をぐっと巻き戻して妄想すると，過去には博物学がさまざまな分野に分解し特化していく際，それぞれの分野の視野が狭くなってしまうことを嘆いた人がいたのではなかろうか。細分化した分野においてそれぞれが顕微鏡で自分の分野だけをさらに細分化するほうが，新たな研究テーマの発見や論文執筆がしやすくなることは間違いない。しかし，そのような中で，思いっきりレンズを引いて魚眼レンズで全天空を一度に眺め直すことも，じつは意義があることではなかろうか。

それまでは趣味の域を超えなかったバイオミメティクスを都市計画研究として筆者が取り組むきっかけとなったのは，積水化学工業株式会社による「自然に学ぶものづくり研究助成プログラム」2009年度において，「アポトーシス（プログラムされた細胞死）に学ぶコンパクトなまちづくり」というタイトルで採択を得たことによる。一般に企業による研究助成は自社の製品開発に直結する短期的な視点に立つものが多いが，本助成はそれらとは一線を画した自由度と志の高い助成事業で，多くのことを学ばせていただいた。改めて厚く感謝申し上げたい。

また，本書の出版に至るまで，赤池学博士（ユニバーサルデザイン総合研究所所長），長島孝行教授（東京農業大学），羽田肇博士（国立研究開発法人物質・材料戦略機構調査役）など，それぞれに専門分野を異にする（博物学という意味では同分野かもわからないが）優れた先生方と刺激的な交流をさせていただく機会を得たことはたいへん幸運であった。さらに，バイオミメティクス研究分野を総括的な視点から取りまとめておられる下村政嗣教授（千歳科学技術大学）にも貴重な研究交流の機会をいただいた。このほかにも地方再生の考え方については藤山浩博士（一般社団法人持続可能な地域社会総合研究所所長）との意見交換が有益であった。また，6章におけるスイスの事例については大内雅博教授（高知工科大学）より多くの知見を得ている。心から謝辞を申し上げたい。

なお，本取り組みの体系化を進めるにあたっては，日本学術振興会科学研究費補助金，基盤研究 (B)17H03319，平成29年～31年，「都市退化マネジメントによる成人病化する都市の自律再生」（代表：谷口守）の助成を得ている。

また，このような冒険的要素もあると思われる出版が可能となったのは，コロナ社の先見性あるご判断のお陰であり，その迅速的確な編集作業に対しても重ねて御礼申し上げたい。

最後となったが，年中無休24時間営業の研究活動を不平もいわず常にサポートしてくれた妻の矩子と息子の洵に改めて感謝したい。

2018年8月

メタボ化の進む都市の一隅で

谷口　守

索　　引

――著者略歴――

1984年　京都大学工学部卒業
1989年　京都大学大学院工学研究科博士後期課程単位取得退学
1989年　京都大学工学部助手
以降，カリフォルニア大学バークレイ校客員研究員，筑波大学社会工学系講師，ノルウェー王立都市地域研究所文部省在外研究員，岡山大学環境理工学部助教授，同教授などを経て，
2009年　筑波大学システム情報系社会工学域教授
現在に至る
工学博士（京都大学）

著書に，『入門 都市計画』（森北出版，2014年）『ありふれたまちかど図鑑』（共著，技報堂出版，2007年），『21世紀の都市像』（共著，古今書店，2008年），『Local Sustainable Urban Development in a Globalized World』（共著，Ashgate，2008年）などがある。

国際住宅・都市計画連合（IFHP）評議員，国土審議会・社会資本整備審議会・交通政策審議会専門委員，日本都市計画学会学術委員長・理事などを歴任

生き物から学ぶ まちづくり
―バイオミメティクスによる都市の生活習慣病対策―
Urban and Regional Planning Inspired by Creatures
― To Overcome Regional Lifestyle-diseases Based on the Wisdom of Biomimetics ―

2018年10月10日　初版第1刷発行　★

検印省略

著　者　谷(たに)　口(ぐち)　守(まもる)
発行者　株式会社　コロナ社
　　　　代表者　牛来真也
印刷所　萩原印刷株式会社
製本所　有限会社　愛千製本所

112-0011　東京都文京区千石4-46-10
発行所　株式会社　**コロナ社**
CORONA PUBLISHING CO., LTD.
Tokyo Japan
振替 00140-8-14844・電話(03)3941-3131(代)
ホームページ　http://www.coronasha.co.jp

ISBN 978-4-339-05260-2　C3051　Printed in Japan　（柏原）N